高效饲养新技术彩色图说系列

gaoxiao siyang xinjishu caise tushuo xilie

图说如何安全高效饲养肉鸭

赵献芝　主编

U0238902

中国农业出版社

TUSHUO RUHE ANQUAN GAOXIAO SIYANG ROUYA

主编介绍

赵献芝 女，汉族，山东临沂人，重庆市畜牧科学院家禽研究所副研究员。2007年毕业于西南大学动物遗传育种与繁殖专业，取得硕士学位。目前主要从事肉鸭、肉鹅专门化品系选育与配套利用研究、种鹅繁殖性能分子机理研究等方向。主持和参与国家级、省部级、市级等科研项目20余项，包括国家科技支撑计划项目、国家自然科学基金项目、国家水禽产业技术体系重庆综合试验站、农业科技成果转化资金项目、重庆市应用开发重大项目、重庆市社会事业与民生保障科技创新专项等。获重庆市科技进步三等奖1项、成果登记6项、实用新型和发明专利6项，发表科研论文30余篇，其中SCI论文8篇。

本书有关用药的声明

兽医科学是一门不断发展的学问。用药安全注意事项必须遵守，但随着最新研究及临床经验的发展，知识也不断更新，因此治疗方法及用药也必须或有必要做相应的调整。建议读者在使用每一种药物之前，要参阅厂家提供的产品说明以确认推荐的药物用量、用药方法、所需用药的时间及禁忌等。兽医有责任根据经验和对患病动物的了解决定用药量及选择最佳治疗方案。出版社和作者对任何在治疗中所发生的对患病动物和/或财产所造成的损害不承担任何责任。

中国农业出版社

高效饲养新技术彩色图说系列

本书编委会

主　　编　赵献芝

副 主 编　王阳铭　张昌莲

编写人员　汪　超　李　静　谢友慧

图片提供　王阳铭　谢友慧　杨平东　高继业

审　　校　彭祥伟　王启贵

前　言

　　养鸭业是我国的特色产业和农村经济发展的支柱产业之一。我国是世界上最大的肉鸭生产国和消费国,饲养的肉鸭品种主要包括樱桃谷鸭、北京鸭、番鸭、半番鸭以及地方兼用型鸭。自20世纪80年代以来,我国肉鸭产业进入了快速发展时期,饲养量以平均每年5％以上的速度增长,大的生产企业不断出现,产业化程度迅速提高,北京烤鸭、南京咸水鸭等已是驰名中外的鸭肉品牌产品。但随着肉鸭产业的快速发展,存在的问题越来越明显:品种培育方向单一,多集中在快长型,不能适应我国肉鸭产品消费的多元化需求,地方兼用型鸭品种大多未经系统选育,生产性能低;小规模农户分散饲养仍占有较大比例,养殖设备设施落后,饲养环境差,生产效率低,易导致疾病传播;饲料营养研究滞后,饲料配制缺乏充足的科学依据,资源浪费严重,饲料转化率低;疫病流行严重,鸭瘟、鸭病毒性肝炎、传染性浆膜炎等传染性疾病对产业健康发展造成威胁。为解决这些问题,在我们不断加强科技创新能力的同时,更要注重提高占养殖大多数的广大养殖户的饲养管理水平的提高,这些正是编写本书的初衷。

　　随着社会经济的发展进步,未来我国肉鸭产业将走向多元化,产品结构将发生重大变化,目前有主要市场的大体型肉鸭比例将有所缩减,优质小体型肉鸭市场份额将逐渐加大。因此,本书介绍各个饲养管理环节时特别提出了与优质型肉鸭相关的内容,可为相关养殖者提供具有针对性的指导。本书共分七章,包括肉鸭主要品种介绍、鸭场的建设要求、育雏期饲养管理新技术、育成期饲养管理新技术、肉种鸭产蛋期饲养管理新技术、肉鸭的日粮配制技术、肉鸭主要疫病防治技术。本书的特点是实用性强，配有大量的现场生产图片，形象直观，清晰易懂；内容介绍面向肉鸭产业发展需求，密切联系实际，以帮助读者快速、科学地解决肉鸭养殖过程中遇到的各种问题。

在本书的编写过程中，国家水禽产业技术体系岗位科学家彭祥伟研究员和重庆市畜牧科学院家禽研究所所长王启贵对书稿进行了全面的审核，并提出了许多宝贵的修改意见。本书稿各章节分别由王阳铭、汪超、李静、张昌莲等参与共同完成，图片由王阳铭、谢友慧、杨平东、高继业等提供，本书还引用了大量的参考文献和网络资源，在此谨向所有关心和支持本书编写工作的专家致以衷心的感谢。

由于编者水平所限，书中难免有欠妥和错误之处，深望各位同行专家和广大读者不吝赐教，以便今后修改，使之日臻完善。

编　者

目　录

前言

第一章　肉鸭主要品种 ……………………………………… 1

一、肉鸭品种特点及分类 …………………………………… 1
（一）按生长速度分类 ……………………………………… 1
（二）按羽色分类 …………………………………………… 2

二、肉鸭主要品种 …………………………………………… 3
（一）引进品种（品系） …………………………………… 3
（二）地方品种 ……………………………………………… 6
（三）培育品种（配套系） ……………………………… 13

三、饲养肉鸭品种的选择 ………………………………… 16
（一）根据市场需求选择 ………………………………… 16
（二）根据品种性能选择 ………………………………… 16
（三）根据自身经济条件和当地环境条件选择 ………… 17

第二章　鸭场建设要求 …………………………………… 18

一、场址选择 ……………………………………………… 18
（一）地形地势 …………………………………………… 18
（二）土质 ………………………………………………… 19
（三）水源 ………………………………………………… 19
（四）交通和电力 ………………………………………… 19
（五）其他配套条件 ……………………………………… 19

二、鸭场布局 ·· 20

　（一）鸭场的分区 ································ 20

　（二）建筑物的布局 ···························· 20

三、鸭舍建设要求 ·································· 22

　（一）育雏舍 ······································ 24

　（二）育成舍 ······································ 24

　（三）种鸭舍 ······································ 26

四、设备设施 ·· 26

　（一）喂料设备 ·································· 26

　（二）饮水及洗浴设备 ······················ 28

　（三）通风设备 ·································· 28

　（四）降温设备 ·································· 29

　（五）照明设备 ·································· 31

　（六）消毒设备 ·································· 31

　（七）清粪设备 ·································· 32

　（八）防疫设备 ·································· 32

　（九）其他设备 ·································· 33

第三章　鸭育雏期饲养管理新技术 ·········· 35

一、雏鸭的生理特点 ······························ 35

　（一）生长代谢快 ······························ 35

　（二）体温调节机能弱 ························ 35

　（三）消化能力弱，调节采食能力差 ······ 36

　（四）抵抗力弱 ································ 36

　（五）胆小怕惊扰 ···························· 36

二、育雏和供温方式 ······························ 36

　（一）育雏方式 ································ 36

　（二）供温方式 ································ 38

三、育雏前的准备 ································ 41

　（一）育雏舍及设备的准备 ·················· 41

（二）消毒方法 ·· 41

（三）饲料、药品的准备 ······································ 42

（四）预温 ·· 42

（五）饲养员和生产表格的准备 ···························· 42

四、育雏条件的控制 ··· 43

（一）温度 ·· 43

（二）湿度 ·· 44

（三）通风 ·· 44

（四）光照 ·· 44

五、雏鸭的饲养管理技术 ··· 45

（一）饮水 ·· 45

（二）喂料 ·· 45

（三）适时分群 ··· 46

（四）适时脱温 ··· 46

（五）饲养密度 ··· 46

（六）运动和洗浴 ·· 47

（七）公母鉴别、个体标识 ·································· 47

（八）断喙 ·· 48

六、育雏效果的检测 ··· 49

（一）活重及均匀度 ··· 49

（二）羽毛发育情况 ··· 49

第四章　育成期饲养管理新技术 ································ 50

一、总体要求 ··· 50

二、饲养方式 ··· 50

（一）全舍饲 ··· 50

（二）半开放式饲养 ··· 51

（三）放牧饲养 ··· 53

三、商品肉鸭饲养管理技术 ·· 54

（一）育成期饲养管理要点 ·································· 54

（二）肉鸭育肥期的饲养管理 …………………… 55

四、肉种鸭育成期饲养管理 ………………………… 57

（一）饲养方式 ………………………………………… 57

（二）营养条件 ………………………………………… 57

（三）饲养管理要点 ………………………………… 57

（四）限制饲喂 ………………………………………… 58

（五）开产前饲料的调整 ………………………… 62

（六）种鸭选择 ………………………………………… 62

第五章　种鸭产蛋期饲养管理新技术 …………… 63

一、产蛋鸭的特点 ……………………………………… 63

二、饲养方式 ……………………………………………… 63

（一）地面舍饲 ………………………………………… 63

（二）网上饲养 ………………………………………… 64

（三）放牧饲养 ………………………………………… 64

（四）笼养 ………………………………………………… 66

三、环境要求 ……………………………………………… 67

（一）温度与湿度 …………………………………… 67

（二）光照 ………………………………………………… 67

（三）通风换气 ………………………………………… 67

（四）饲养密度 ………………………………………… 67

四、饲养管理要点 ……………………………………… 68

（一）产蛋箱设置 …………………………………… 68

（二）喂料 ………………………………………………… 69

（三）饮水 ………………………………………………… 69

（四）运动 ………………………………………………… 69

（五）集蛋 ………………………………………………… 69

（六）标号 ………………………………………………… 70

五、产蛋期性能监测及改善 ……………………… 70

（一）性能监测 ………………………………………… 70

（二）性能提高措施 ·· 71

（三）种鸭的选择淘汰 ·· 72

六、种鸭强制换羽 ··· 73

（一）人工强制换羽注意事项 ·································· 73

（二）人工强制换羽方法 ·· 73

第六章　肉鸭日粮配制技术 ································· 75

一、肉鸭的营养需要 ··· 75

（一）能量 ··· 75

（二）蛋白质 ·· 76

（三）矿物质 ·· 76

（四）维生素 ·· 78

（五）水 ·· 80

二、肉鸭的常用饲料 ··· 80

（一）能量饲料 ·· 80

（二）蛋白质饲料 ··· 82

（三）青绿饲料 ·· 83

（四）矿物质饲料 ··· 84

（五）饲料添加剂 ··· 86

三、肉鸭饲养标准及日粮配合 ···································· 87

（一）肉鸭饲养标准 ·· 87

（二）日粮配合原则 ·· 91

（三）日粮配合方法 ·· 92

第七章　肉鸭主要疫病防治技术 ····························· 96

一、鸭场卫生防疫制度 ·· 96

（一）场区出入消毒 ·· 96

（二）定期清扫消毒 ·· 97

（三）制定合理的免疫程序 ······································ 97

（四）饲料、饮水卫生 ··· 97

（五）全进全出制度 ……………………………………… 97

二、肉鸭参考免疫程序 …………………………………… 98

三、鸭常见疾病防治 ……………………………………… 99

（一）鸭瘟 ………………………………………………… 99

（二）鸭病毒性肝炎 ……………………………………… 101

（三）鸭传染性浆膜炎 …………………………………… 103

（四）禽流感 ……………………………………………… 105

（五）鸭大肠杆菌病 ……………………………………… 107

（六）鸭巴氏杆菌病（禽霍乱）………………………… 108

（七）鸭呼肠孤病毒病 …………………………………… 109

（八）鸭球虫病 …………………………………………… 110

（九）鸭黄曲霉毒素中毒 ………………………………… 111

参考文献 …………………………………………………… 113

第一章　肉鸭主要品种

一、肉鸭品种特点及分类

我国肉鸭养殖历史悠久，是世界上鸭存栏量最多的国家，占世界总量的70%以上。我国鸭品种资源丰富，2011年由国家畜禽遗传资源委员会组织编写的《中国畜禽遗传资源志　家禽志》中共收录鸭地方品种32个，其中专用肉用型品种仅有北京鸭和中国番鸭，与鸡相比，肉鸭品种比较单一。但我国肉鸭消费呈多元化的消费趋势，除北京烤鸭、脆皮烧鸭之外，卤鸭、板鸭等产品占有很大的市场比重，生产这些产品的主要是地方肉蛋兼用型鸭品种，例如，高邮鸭、巢湖鸭是生产南京板鸭的主要原料，大余鸭是制作南安板鸭的材料，建昌鸭在四川地区历来都用于填饲育肥等。

（一）按生长速度分类

1. 快大型肉鸭　快大型肉鸭早期生长速度快，一般6周龄左右出栏（图1-1），包括北京鸭、樱桃谷鸭、枫叶鸭、瘤头鸭、仙湖肉鸭、三水白鸭等，主要用于制作烤鸭、烧鸭及分割鸭产品（图1-2）。

2. 中小型肉鸭　中小型肉鸭多为地方品种，包括高邮鸭、巢湖鸭、大余鸭、淮南麻鸭、临武鸭、

图1-1　快大型肉鸭

1

靖西大麻鸭、四川麻鸭等。这些肉鸭品种肉质好，生长周期较长，一般70～90日龄出栏，体重1.5～2.0千克，料重比2.8～3.2。这些鸭品种多为兼用型，是选育小体型优质肉鸭的良好素材，用于板鸭、酱鸭、咸水鸭、樟茶鸭等产品的加工制作（图1-3）。

图1-2　餐桌上的烤鸭

图1-3　酱板鸭产品

（二）按羽色分类

1. 白羽肉鸭　多为快大型肉鸭品种，包括北京鸭、樱桃谷鸭、中国番鸭中的白番鸭等，兼用型地方品种中连城白鸭等也属于白羽肉鸭（图1-4）。

图1-4　白羽肉鸭

2. **有色羽肉鸭** 多为地方兼用型鸭品种，如巢湖鸭、大余鸭、淮南麻鸭、临武鸭等，中国番鸭中的黑羽番鸭（图1-5）。

图1-5 有色羽肉鸭

二、肉鸭主要品种

（一）引进品种（品系）

1. **樱桃谷鸭** 樱桃谷鸭是由英国林肯郡樱桃谷公司利用从我国引入的北京鸭与当地的艾里斯伯里鸭为亲本杂交选育而成，是世界著名的瘦肉型鸭。具有生长快、瘦肉率高、净肉率高、饲料转化率高、抗病力强等优点（图1-6）。

樱桃谷鸭体型较大，父母代成年体重公鸭4.0～4.2千克，母鸭3.0～3.2千克。父母代种鸭180～190日龄开产，年产蛋量210～220枚，种蛋受精率90%左右。商品代鸭42日龄活重3.0千克，料重比2.2～2.4，全净膛率71%，胸腿肉率21%，皮脂率28%。父母

图1-6 樱桃谷鸭

代鸭66周龄产蛋量220个。公母配种比例为1 ：（5～6），受精率90%以上，受精蛋孵化率85%。

2. **狄高鸭**　狄高鸭是澳大利亚狄高公司利用引入的北京鸭选育而成的大型配套系肉鸭。狄高鸭的外形与北京鸭相似。雏鸭红羽黄色，脱换幼羽后羽毛变为白色。头大稍长，颈粗，背长阔，胸宽，体躯稍长，胸肌丰满，尾稍翘起，性指羽2～4根。喙黄色，胫、蹼橘红色（图1-7）。

狄高鸭182日龄性成熟，33周龄产蛋进入高峰期，产蛋率达90%以上，年产蛋量200～230枚。公母配种比例1 ：（5～6），受精率90%以上，受精蛋孵化率85%左右。父母代每只母鸭可提供商品代雏鸭苗160只左右。初生雏鸭体重55克，7周龄商品代肉鸭体重3.0千克，料重比2.9～3.0。半净膛率93%～94%，全净膛屠宰率（连头脚）80%～82%。胸肌重273克，腿肌重352克。

3. **奥白星鸭**　奥白星鸭是由法国奥白星公司采用品系配套方法选育的商用肉鸭，具有体型大、生长快、早熟、易肥和屠宰率高等优点。奥白星鸭成年鸭外貌特征与北京鸭相似，体羽白色，头大，颈粗，胸宽，体躯稍长，胫粗短。雏鸭绒毛金黄色，随日龄增大而逐渐变浅，换羽后全身羽毛白色。喙、胫、蹼均为橙黄色（图1-8）。

图1-7　狄高鸭

图1-8　奥白星肉鸭

奥白星商品代肉鸭6周龄体重3 200～3 300克，料重比2.3 ：1；7周龄体重3 700克，料重比2.5 ：1；8周龄体重4 040克，料重比2.75。种鸭24～26周龄性成熟，32周龄进入产蛋高峰，年平均产蛋量220枚左右。公母配种比例为1 ：5，种蛋受精率92%～95%。

4. **番鸭**　番鸭又称瘤头鸭、麝香鸭，属肉用型引入品种，原产于中、南美洲。我国饲养的番鸭多由法国引进，主要分布于福建、江苏、浙江、广东、台湾等地。

　　番鸭体形硕大，身躯长、略扁，前后窄、中间宽，呈纺锤形。胸宽而平，站立式体躯与地面呈水平状。头大，颈粗短，头顶部有一排纵向长羽，受刺激时竖起、呈刷状。喙短而窄，喙基部和眼周侧有红色皮瘤，公鸭皮瘤比母鸭宽厚、发达。羽色主要有白色和黑色两种（图1-9至图1-12）。

图1-9　白番鸭公鸭
（引自《中国畜禽遗传资源　家禽志》）

图1-10　白番鸭母鸭
（引自《中国畜禽遗传资源　家禽志》）

图1-11　黑番鸭公鸭
（引自《中国畜禽遗传资源　家禽志》）

图1-12　黑番鸭母鸭
（引自《中国畜禽遗传资源　家禽志》）

　　白羽番鸭成年体重公鸭4 912克，母鸭2 812克；初生重公鸭51克，母鸭49克；70日龄体重公鸭3 946克，母鸭2 245克。189日龄开产，第一个产蛋期（27～48周龄）产蛋数112枚，第二个产蛋期（60～81周龄）产蛋数98枚。种蛋受精率92.4%，受精蛋孵化率91.8%。就巢性强。

（二）地方品种

1. 北京鸭　世界著名肉鸭品种，"北京烤鸭"的制作原料。原产于北京西郊玉泉山一带，中心产区为北京市，主要分布于上海、广东、天津、辽宁等地，国内其他地区和国外均有分布。北京鸭先后被美国、英国、日本、前苏联等国家引进培育，目前约占世界大体型肉鸭生产量的94%。

北京鸭体型较大，呈长方形，体态丰满，前躯高昂，尾羽稍上翘。颈粗短，背平宽，两翅紧贴。全身羽毛白色，公鸭有钩状性羽。喙扁平，橘黄色；皮肤白色；胫、蹼橘黄色或橘红色；母鸭开产后喙、胫、蹼颜色变浅，喙上出现黑色斑点（图1-13）。

图1-13　北京鸭

（引自《中国畜禽遗传资源　家禽志》）

舍饲条件下，北京鸭7周龄公、母鸭平均体重3 500克，料重比2.57。165～170日龄开产后，年产蛋数220～240枚。公母鸭配种比例1 ∶（4～6），种蛋受精率93%，受精蛋孵化率87%～88%。

2. 中国番鸭　肉用型地方品种，是福建番鸭、海南嘉积鸭、贵州天柱番鸭、湖北阳新番鸭、云南文山番鸭等的合称。中心产区为福建、台湾、海南、广东、贵州等省，有抗病力强、耐粗饲、产蛋性能好、瘦肉率高、肉质鲜美等特点。

中国番鸭体躯长而宽，前后窄小，呈纺锤形，体躯与地面呈水平状态。头中等大小。喙较短而窄，喙基部和眼周围有红色或黑色皮瘤，上喙基部有一小块突起的肉瘤，雄性更为发达。根据羽毛颜色不同分为黑番鸭、白番鸭和黑白花番鸭（图1-14至图1-18）。

图1-14 中国番鸭黑番鸭公鸭
（引自《中国畜禽遗传资源 家禽志》）

图1-15 中国番鸭黑番鸭母鸭
（引自《中国畜禽遗传资源 家禽志》）

图1-16 中国番鸭白番鸭公鸭
（引自《中国畜禽遗传资源 家禽志》）

图1-17 中国番鸭白番鸭母鸭
（引自《中国畜禽遗传资源 家禽志》）

中国番鸭10周龄体重公鸭3000～3 200克，母鸭2 000～2 200克。180～260日龄开产，年产蛋数70～120枚，蛋重67～77克。种蛋受精率88%～95%，受精蛋孵化率85%～95%。就巢性较强。

3. **高邮鸭** 肉蛋兼用大型麻鸭地方品种。原产于江苏省高邮市，主要分布于周边的兴化、宝应、建湖、金湖等地。现由高邮市高邮鸭良种繁育中心保种。

图1-18 中国黑白花番鸭

高邮鸭体型较大，体躯呈长方形。公鸭肩宽背阔，胸深，体躯长，镜羽呈墨绿色并向上卷曲；母鸭颈细，身长。喙豆黑色，虹彩褐色，皮肤白

7

色或浅黄色。雏鸭绒毛呈黄色，具黑头星、黑线脊、黑尾（图1-19）。

图1-19　高邮鸭

(引自《中国畜禽遗传资源　家禽志》)

舍饲条件下高邮鸭8周龄平均体重2 480克，料重比3.4，成活率96%以上。成年体重公鸭2 660克，母鸭2 790克。170～190日龄开产（5%产蛋率），500日龄产蛋数190～200枚，善产双黄蛋（比例约3.1%）。公母配比1∶（20～30），种蛋受精率舍饲条件下86%～90%，放牧条件下90%～93%，受精蛋孵化率90%。无就巢性。

4. **巢湖鸭**　肉蛋兼用中型麻鸭品种。原产于安徽省巢湖市庐江县及周边的无为、居巢、肥东、肥西等县，广泛分布于整个巢湖流域和长江中下游地区。是地方传统产品庐江烤鸭、无为熏鸭的主要原料。

巢湖鸭体型中等，羽毛紧密、有光泽，颈细长。喙豆呈黑色，虹彩褐色，皮肤白色，胫、蹼橘红色。公鸭镜羽墨绿色，性羽灰黑色；雏鸭绒毛黄色（图1-20）。

巢湖鸭舍饲条件下70日龄平均体重2 083～2 093克，放牧条件下平均体重1 760～1 960克。150～180日龄开产，500日龄产蛋170～200枚，公母配比1∶（15～20）。种蛋受精率92%～95%，受精蛋孵化率90%～95%。无就巢性。

5. **大余鸭**　兼用型地方品种，又称大余麻鸭，体型中等偏大，原产于江西省大余县，主要分布于大余县、南康市和广东南雄市。大余鸭生长速度较快，皮薄、肉质细嫩，是加工板鸭的优质原料，生产的产品有南安板鸭等。

图1-20　巢湖鸭

(引自《中国畜禽遗传资源　家禽志》)

大余鸭头稍粗，喙多为黄色、少数青色，皮肤白色，胫、蹼青黄色。公鸭颈部粗，头、颈、背部羽毛红褐色，镜羽墨绿色；母鸭颈部细长，羽毛红褐色，有较大的黑色斑点（"大粒麻"），镜羽墨绿色，少数有白颈圈；雏鸭全身绒毛黄色，背部及头部有小块浅黑斑（图1-21）。

图1-21　大余鸭

(引自《中国畜禽遗传资源　家禽志》)

舍饲条件下，大余鸭8周龄料重比2.4～2.6，成活率95%以上。成年体重公鸭2 350克，母鸭2 404克。175日龄开产，500日龄产蛋数190枚。种蛋受精率95%，受精蛋孵化率92%。就巢率10%～15%。

　　6. 淮南麻鸭　兼用型地方品种。原产于河南省信阳市淮河以南、大别山以北地区，中心产区为淮河以南的光山、固始、商城、罗山、平桥、新县等县，分布于信阳市周边地区。

淮南麻鸭体型中等，体躯呈狭长方形，尾上翘。头中等大，眼突出，多数个体有深褐色眉纹。喙以橘黄色为主、少数青色，喙豆以褐色居多。虹彩黄灰色。皮肤粉白色，胫、蹼橘红色（图1-22）。

图1-22　淮南麻鸭

（引自《中国畜禽遗传资源　家禽志》）

淮南麻鸭初生重45克，90日龄平均体重1 500克；成年体重公鸭2 040克，母鸭为1 500克。150～170日龄开产，年产蛋170～190枚，蛋壳白色为主，少数青色。种蛋受精率90%～95%，受精蛋孵化率90%～97%。就巢性弱。

7. 临武鸭　兼用型品种。原产于湖南省临武县，中心产区为临武县武源、武水、双溪、城关等乡镇，郴州市及广东粤北一带也有饲养。临武鸭具有生长快、瘦肉率高、柔嫩味美，是适合生态养殖的优良品种。传统食品有鸭肉粽、炒鸭血、煮红鸭蛋等。

临武鸭体型较大，躯干较长，后躯比前躯发达，呈圆筒状。公鸭头颈上部和下部以棕褐色居多，颈中部有白色颈圈，腹部羽毛为棕褐色，性羽2～3根；母鸭全身麻黄色或土黄色。喙和脚多呈黄褐色或橘黄色（图1-23、图1-24）。

临武鸭初生重45克，成年体重公鸭1 943克、母鸭1 714克。70日龄平均体重1 668克。127日龄开产，年产蛋246枚，平均蛋重70克，蛋壳乳白色居多。公母配比圈养为1：（15～20），放牧饲养为1：（20～25）。种蛋受精率约93%，受精蛋孵化率87%。无就巢性。

8. 靖西大麻鸭　俗称马鸭，兼用型地方品种。原产于广西壮族自治

图1-23 临武鸭公鸭
（引自《中国畜禽遗传资源 家禽志》）

图1-24 临武鸭母鸭
（引自《中国畜禽遗传资源 家禽志》）

区靖西县，分布于靖西县内各乡镇以及毗邻的德保、那坡。

靖西大麻鸭体躯较大，腹部下垂。喙豆黑色，皮肤白色，胫、蹼橘色或褐色。公鸭喙多为青铜色，头部羽毛墨绿色，镜羽蓝色，有2～4根墨绿色性羽；母鸭喙呈褐色，全身羽毛麻褐色，眼睛上方有带状白羽（俗称"白眉"）；雏鸭绒毛呈紫黑色，背部左右两侧各有亮点对称的黄点，俗称"四点鸭"（图1-25、图1-26）。

图1-25 靖西大麻鸭公鸭
（引自《中国畜禽遗传资源 家禽志》）

图1-26 靖西大麻鸭母鸭
（引自《中国畜禽遗传资源 家禽志》）

放牧加补饲条件下，70日龄体重公鸭2 500克，母鸭2 480克；成年体重公鸭2 760克，母鸭2 600克。148日龄50%开产，72周龄产蛋数150枚。放牧条件下公母配比1 ：（5～6）时种蛋受精率90%，受精蛋孵化率88%。有就巢性。

9. 建昌鸭 兼用型品种。原产于四川省凉山彝族自治州境内的西昌

11

市及德昌县，广安、巴中等地也有分布。建昌鸭具有肉质香、肥肝大等特点，是生产建昌板鸭的主要材料。

体型较大，形似平底船，羽毛丰满，尾羽呈三角形向上翘起。头大颈粗，喙宽，喙豆黑色；胫、蹼橘黄色，爪黑色。公鸭喙呈草黄色，颈下1/3处有白色颈圈，"绿头红胸、银肚、青嘴公"；母鸭喙多呈橘黄色，羽毛多为黄麻色；雏鸭绒毛黑灰色（图1-27、图1-28）。

图1-27　建昌鸭公鸭
（引自《中国畜禽遗传资源　家禽志》）

图1-28　建昌鸭母鸭
（引自《中国畜禽遗传资源　家禽志》）

91日龄体重公鸭2 536克，母鸭2 355克；成年体重公鸭2 698克，母鸭2 380克。180日龄开产，年产蛋数140～150枚。种蛋受精率92%～94%，受精蛋孵化率94%～96%。母鸭无就巢性。

10. 四川麻鸭　兼用型地方品种。原产于四川盆地及周边丘陵区。

四川麻鸭体型较小，紧凑，羽毛紧密，颈细长，胸部发达而突出。喙呈黄色，喙豆多为黑色；胫、蹼橘黄色，皮肤白色。公鸭有青头公鸭和沙头公鸭；母鸭麻褐色居多，少数浅麻羽，少数颈部下2/3处有白色颈圈；雏鸭绒毛黑灰色（图1-29、图1-30）。

四川麻鸭初生重37克，传统放牧条件下70日龄平均体重1 435克；成年体重公鸭1 675～2 150克，母鸭1 850～2 085克。150日龄开产，年产蛋数150枚。公母配比1∶10，种蛋受精率90%，受精蛋孵化率85%。

11. 花边鸭　花边鸭在西南地区饲养量很大，但其不是一个品种，一般是由大型白羽肉鸭和地方麻鸭简单杂交而成。背部为白色，头、翅膀、腿部、脖子都是花色，因此称"花边鸭"。它比地方麻鸭品种生长快，深

图1-29 四川麻鸭公鸭
(引自《中国畜禽遗传资源 家禽志》)

图1-30 四川麻鸭母鸭
(引自《中国畜禽遗传资源 家禽志》)

受老百姓的喜爱，以农户放养为主，是当地生产板鸭、卤鸭、酱鸭的重要原料（图1-31、图1-32）。

图1-31 花边鸭

图1-32 花边鸭不同程度的"花边"

（三）培育品种（配套系）

1. Z型北京鸭 Z型北京鸭由中国农业科学院北京畜牧兽医研究所在传统北京鸭的基础上，经过20多年选育形成，形成了肉脂型与瘦肉型北京鸭配套系，2006年获得国家新品种证书，其商品代肉鸭的生长速度和饲料转化率得到了很大的改善。Z型北京鸭生长速度、饲料转化效率、成活率和种鸭的产蛋率、受精率、孵化率等生产性能指标已经达到国际先进水平（图1-33）。

瘦肉型北京鸭生产性能：42日龄体重3 200克，料重比2.1～2.2，瘦肉率22.0%，皮脂率22.7%；父母代种鸭70周龄产蛋量220～240枚。

图1-33 Z型北京鸭

肉脂型北京鸭生产性能：42日龄体重3 350克，料重比2.4～2.5，瘦肉率20.5%；皮脂率32.5%；父母代种鸭70周龄产蛋量220～240枚。

2. **南口1号北京鸭** 由北京金星鸭业中心经过30年培育而成，2005年通过国家畜禽品种审定委员会新品种审定。南口1号北京鸭配套系为三系配套，由Ⅷ系（终端父系）和Ⅳ（母本父系）、Ⅶ（母本母系）配套而成（图1-34）。每年向全国提供父母代种鸭40万～60万只。

父母代成年母鸭羽毛洁白、有光泽，体躯呈长方形，体型适中，树森提前部昂起与地面约呈40°角。皮肤白色，喙为橙黄色、喙豆肉粉色；胫、蹼为橙黄色或橘红色，开产后颜色逐渐变浅，喙上出现黑色斑点，随产蛋增加，斑点增多，颜色变深。产蛋性能好、繁殖率高、适应性强，生产的商品鸭生长速度快，一般38～42日龄出栏。42日龄体重3 200克，料重比2.2～2.3，胸肉率10%，腿肉率11.5%，皮脂率30.3%。174日龄50%开产，40周龄产蛋数115枚。种蛋受精率92%，受精蛋孵化率89%。

3. **仙湖肉鸭** 仙湖肉鸭配套系是由广东省佛山科学技术学院根据现代家禽遗传育种学原理，以仙湖2号鸭、樱桃谷鸭及狄高鸭商品肉鸭为选育素材，

图1-34 南口1号北京鸭

经过十个世代成功选育而成，2003年通过国家畜禽品种审定委员会审定（图1-35）。

父母代种鸭年产蛋量240枚，商品肉鸭49日龄体重3 439克，料重比2.58，胸腿肌率21.7%，成活率98%以上。

4. 三水白鸭 三水白鸭是广东省佛山市联科畜禽良种繁育场与华南农业大学动物科学

图1-35 仙湖肉鸭

学院合作培育而成的国家级水禽新品种，2003年通过国家畜禽品种审定委员会的审定，并于2004年获农业部颁发的畜禽新品种（配套系）证书。三水白鸭以其父母代种鸭繁殖性能优越、商品代肉鸭早期生长速度快而且瘦肉率高等优点，深受全国各地养殖户的欢迎。

三水白鸭具有以下特征：雏鸭绒毛呈淡黄色，成年鸭全身羽毛白色。喙大部分为橙黄色，小部分为肉色；胫和蹼为橘红色。体形硕大，体躯前宽后窄、呈倒三角形，背部宽平，胸部丰满。公鸭头大颈粗，脚粗长；母鸭颈细长，脚细短。体躯倾斜度小，几乎与地面平行（图1-36）。种鸭180日龄初产，高峰期蛋重91.4克，产蛋高峰期日龄为210天，高峰期产蛋率达94%；300日产蛋期产蛋达242枚，种蛋合格率93.9%。商品肉鸭42日龄体重3.21千克，料重比2.59，全净膛率75.1%，半净膛率83.5%，腿肌率15.3%，胸肌率9.2%，腹脂率2.1%。

5. 天府肉鸭 由四川农业大学培育而成，1996年通过四川省畜禽品种审定委员会审定。天府肉鸭体形硕大、丰满，羽毛洁白，喙、胫、蹼呈橙黄色。母鸭随着产蛋日龄的增长，颜色逐渐变浅，并出现黑斑（图1-37）。

天府肉鸭父母代成年体重

图1-36 三水白鸭

公鸭3 200～3 300克，母鸭2 800～2 900克；180～190日龄开产，入舍母鸭年产合格种蛋230～250枚；种蛋受精率90%以上，每只母鸭提供健雏180～190只。商品代49日龄活重3 000～3 200克，料重比2.7～2.9。

图1-37　天府肉鸭

三、饲养肉鸭品种的选择

饲养肉鸭选择品种至关重要，在选择品种之前需要做好市场调研，根据所处地区的自然生态条件、资金规模等综合考虑。还要根据品种合理建设鸭舍，进行科学的饲养管理，才能取得良好的经济效益。

（一）根据市场需求选择

过去我国肉鸭饲养以追求生长快为主，大型肉鸭在市场上占有相当大的比例，随着社会的进步发展，我国肉鸭市场也在逐渐发生变化，肉鸭产品消费呈多元化发展趋势，瘦肉型与肉脂型肉鸭、优质小体型肉鸭等多个品种并存，不同地区对鸭产品的需求不同，如华北（北京）烤鸭，两广烧鸭，华东咸水鸭、酱鸭、板鸭、卤鸭，华中卤鸭、酱鸭，西南板鸭、卤鸭、樟茶鸭等，以及近年风靡全国的鸭脖、鸭掌（图1-38）都满足了人们的消费习惯形成了著名品牌，加工这些不同的产品需要不同特点的肉鸭品种。例如，烤鸭、烧鸭多用大体型肉鸭，而生产板鸭、卤鸭、酱鸭等产品宜选择中小型肉鸭或本地麻鸭品种，分割鸭肉市场需要瘦肉型北京鸭等。

（二）根据品种性能选择

有了市场定位，接下来就要根据需求了解同一类型的品种性能，要选择性能最优的品种，肉鸭主要从生长速度、料重比、均匀度、抗逆性等方面进行选择。

图1-38　鸭脖、鸭掌产品

（三）根据自身经济条件和当地环境条件选择

大中城市近郊的农户可选择大型肉鸭，因为大型肉鸭饲养周期短、生长快、适宜规模化饲养，需要良好的交通运输条件，但资金投入相对较大。在交通欠发达的山区农户，可选择饲养中小型肉鸭品种，利用当地生态条件，采取放养或半放养的方式，减少养殖成本，可生产出优质的肉鸭。

肉鸭

第二章　鸭场建设要求

一、场址选择

　　鸭场场址的选择要根据养鸭场的性质（如商品肉鸭场、肉种鸭场）、养鸭规模（小群养殖和规模养殖鸭场建设要求不同）、自然条件（气候、地势等因素）和社会条件等因素进行综合权衡而定。通常情况下，场址的选择必须考虑以下问题。

（一）地形地势

　　鸭场的地形地势直接关系到排水、通风、光照等条件，这些都是养鸭过程中重要的环境因素。建设鸭场应选择地势高燥、排水性好的地方，地形要开阔整齐，不宜选择过于狭长和边角多的场地（图2-1、图2-2）。在山区鸭场建设应注意不要建在昼夜温差太大的山顶或通风不良和潮湿

图2-1　鸭场选址

图2-2　鸭场测量规划

的山谷深洼地带，应选择在半山腰处建场。山腰坡度不宜太陡，也不能崎岖不平。宜选择南向坡地，这样可得到充足的光照，使场区保持干燥，避免冬季北风的袭击。

（二）土质

鸭场建设场地的土质以地下水位较低的沙壤土最好，其透水性、透气性好，容水量、吸湿性好，毛细管作用弱，导热性小，保温性能好，质地均匀，抗压性强，不利于微生物繁殖，土质不能黏性太大。黏土、沙土等土质都不适宜建设鸭场，被化学物污染或病原微生物污染过的土壤上不能建设养殖场。

（三）水源

鸭场用水包括鸭饮水、洗浴、冲圈用水和饲养管理人员的生活用水，因此要保证在水源充足、水质良好的地方建设鸭场。水源应无污染，鸭场附近无畜禽加工厂、化工厂、农药厂等污染源，离居民点不能太近，还应考虑到取水方便，减少设备投资。地下水丰富的地区可优先考虑利用地下水源。在地下8～10厘米深处，有机物和细菌大大减少，因此大型鸭场最好能自建深井，以保证用水的质量。水质必须抽样检查，每100毫升水中的大肠菌群数量不能超过5 000个。

（四）交通和电力

鸭场要求交通便利，场址要离物资集散地近些，与公路、铁路或水路相通，有利于产品和饲料的运输，降低成本。为防止噪声和利于防疫，鸭场离主要交通要道至少要500米以上，同时要修建专用道路与主要公路相连。

电力是现代养鸭场不可缺少的能源，鸭场孵化、照明、供暖保温、自动化养殖系统都需要用电，因此应有可靠的电源保障。工厂化养鸭场除要求接入电网线外，还必须自备发电设备以保证应急用电。

（五）其他配套条件

鸭场最好选择建在有广泛种植业基础的地方，这样污水处理可结合农田灌溉，种养结合，既减少了种植业化肥的投入，又降低了养鸭粪污处理成本。但要控制养殖粪污在农田的合理利用，以免造成公害。

二、鸭场布局

养鸭场内建筑物的布局合理与否，对场区环境状况、卫生防疫条件、生产组织、劳动生产率及基建投资等都有直接影响。为了合理布局建筑物，应先确定饲养管理方式、集约化程度、机械化水平以及饲料的需要量和供应情况，然后进一步确定各种建筑物的形式、种类、面积和数量。在此基础上综合考虑场地的各种因素，制定最优的养鸭场建设布局方案（图2-3）。

图2-3　建设中的鸭场

（一）鸭场的分区

一个规模化养鸭场通常分为管理区、生产区、病鸭饲养区与粪污处理区等功能区。管理区主要包括职工宿舍、食堂、办公室等生活设施和办公用房（图2-4）；生产区主要包括洗澡、消毒、更衣消毒室及饲养员休息室、鸭舍（育雏舍、育成舍、产蛋舍）、蛋库、饲料仓库等生产性用房（图2-5）；病鸭饲养与污物处理区主要包括兽医室、鸭隔离舍、厕所、粪污处理池等（图2-6）。肉鸭养殖业小区内依据饲养规模和占地面积应保证一定的绿化面积（图2-7）。小型鸭场一般遵循与规模化鸭场布局一致的原则，一般将饲养员宿舍、仓库、食堂放在最外侧，鸭舍放在最里面，以避免外来人员随便出入，同时还要方便饲料、产品的装卸和运输。

（二）建筑物的布局

鸭场要保证良好的环境和进行高效率的生产，建设时除根据功能分

图2-4　管理区

图2-5　生产区

图2-6　粪污处理区

图2-7　鸭舍之间间隔和绿化

区规划外还应考虑各个区域建筑物的布局，要从人禽保健的角度出发，以建立最佳生产联系和卫生防疫条件来合理安排各区位置。首先，应该考虑人员工作和生活集中场所的环境保护，使其尽量不受饲料粉尘、粪便气味和其他废弃物的污染；其次，要注意鸭生产群的防疫卫生，尽量杜绝污染源对生产群环境污染的可能性。

1. 风向与地势　鸭场各种房舍要按照地势高低和主导风向，按照防疫需要的先后次序进行合理安排。综合性鸭场尤应注意鸭群的防疫环境，不同日龄的鸭群之间也必须分成小区，并有一定的隔离设施。规划时要将职工生活和生产管理区设在全场的上风向和地势较高处，并与生产区保持一定的距离。生产区即饲养区是鸭场的核心，应设在全场的中心地带，位于管理区的下风向或与管理区的风向平行，而且要位于病鸭及污物管理区的上风向。病鸭饲养与污物管理区位于全场的下风向和地势最低处，与鸭舍要保持一定的卫生间距，最好设置隔离屏障。如果地势与风向不一致，按防疫要求又不好处理，则应以风向为主，地势服从风向，地势问题可通过挖沟、设障等方式解决（图2-8）。

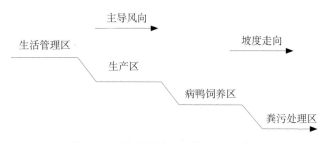

图2-8　鸭场按风向、地势布局示意图

2. 朝向　鸭舍朝南或东南最佳。场址位于河、渠水源的北坡，坡度朝南或东南，水上运动场和陆上运动场在南边，舍门也朝南或东南开。这种朝向，冬季采光面积大，有利于保暖；夏季通风好，又不受太阳直晒，具有冬暖夏凉的特点，有利于提高生产性能。另外，对于自然通风为主的有窗鸭舍或敞开式鸭舍，夏季通风是个重要问题。从单栋鸭舍来看，鸭舍的长轴方向垂直于夏季的主风向，在盛夏之日可以获得良好的通风，对驱除鸭舍的热量及改善鸭群的体感温度是有利的。

3. 生产区的设计布局　生产区是鸭场的主体，设计时应根据鸭场的性质和饲养品种有所偏重，种鸭场应以种鸭舍为重点，商品肉鸭以肉鸭舍为重点，大型品种和小型品种鸭舍建筑要求也不相同。各种鸭舍之间最好设绿化带。在估算建筑面积时，要考虑鸭的品种、日龄、生产周期、气候特点等，但要留有余地，适当放宽计划，科学、周密地推算，生产时充分利用建筑面积，提高鸭舍的利用率。

三、鸭舍建设要求

鸭舍是鸭日常活动、休息和产蛋的场所，因此，鸭舍建设是否合理关系到鸭正常生产性能和遗传潜力能否充分发挥。鸭舍的基本要求是冬暖夏凉、空气流通、光线充足，便于饲养管理，容易消毒和经济耐用。一般说来，一个传统的平养鸭舍应包括鸭舍、陆上运动场和水上运动场（洗浴池）三部分，这三部分面积的比例一般为1：1.5～2：（1.5～2）

(图2-9)。鸭舍室内部分是鸭生活休息的地方，基本要求是向阳干燥、通风良好、遮风挡雨、防止兽害（图2-10、图2-11）。宽度一般8～10米、长度100米以内，便于管理和消毒。大的鸭舍要分成若干小间，小间以正方形最好。鸭虽可在水中生活，但舍内应保持干燥，不能潮湿，如果鸭舍湿度大，会使鸭多消耗热能，增加换羽次数，增加有害气体成分，容易感染疾病。因此，鸭舍场地应稍高些，略向水面段倾斜，至少要有5°～10°的坡度，以利排水，防止积水和泥泞。鸭舍由舍内、运动场和水上运动场三个主要部分组成，各部分也要有合理的分区，如饮水区（图2-12、图2-13）、采食区、产蛋区（图2-14、图2-15）等，科学分区有利于保持鸭舍干燥整洁，便于人员管理操作，减少资源浪费。

图2-9 鸭舍+运动场+洗浴池

图2-10 建设中的密闭式鸭舍

图2-11 鸭舍侧壁卷帘式

图2-12 饮水区铺垫网，保持舍内地面干燥

图2-13 运动场饮水区

图2-14　产蛋区铺垫料

图2-15　产蛋区

（一）育雏舍

育雏舍主要饲养30日龄以内的雏鸭，要求温暖、干燥、保温性能良好，空气流通而无贼风，电力供应稳定。房舍檐高2～2.5米即可。内设天花板，以增加保温性能（图2-16）。窗与地面面积之比一般为1：（8～10），南窗离地面60～70厘米，设置气窗，以便于调节空气；北窗面积为南窗的1/3～1/2，离地面100厘米左右。所有窗户与下水道外口要装上铁丝网，以防兽害。育雏舍地面最好用水泥或砖铺成，以便于消毒，并向一边略倾斜，以利排水。室内放置饮水器的地方，要有排水沟，并盖上网板，雏鸭饮水时溅出的水可漏到排水沟中排出，确保室内干燥。

图2-16　农户育雏舍保温屋顶

为便于保温和管理，育雏室应隔成几个小栏，每栏面积12～14米^2，容纳雏鸭100只左右。规模化养鸭场条件允许时可进行分阶段育雏，即将育雏舍分成两个部分，育雏前7天对温度要求较高，保温设施布置多一些，空间要求较小（图2-17）；而后期雏鸭对环境的适应能力增强并逐渐过渡到脱温，除适当的保温设施外，可设置运动场和水池，供雏鸭在天气晴好时外出运动和洗浴（图2-18）。

（二）育成舍

育成阶段鸭的生活力较强，对温度的要求没有雏鸭严格，因此，育

图2-17　两阶段育雏前期

图2-18　两阶段育雏后期

成鸭舍的建筑结构可相对简单，基本要求是能遮挡风雨、夏季通风、冬季保暖、室内干燥（图2-19）。但种鸭育成舍要求有较好的条件。商品肉鸭以提高增重和饲料转化效率为主要目标，目前大型肉鸭多为全程舍内网床饲养；优质小型商品肉鸭因对肉品质、瘦肉率等要求较高，饲养时间较长，鸭舍一般配

图2-19　育成舍

备运动场，增加其活动量；种鸭育成舍一般由舍内（地面或网床）、运动场、水池三部分构成，饮水位置设在运动场外端，以保持舍内干燥（图2-20、图2-21）。有些种鸭场育成舍、产蛋舍可通用，即种鸭育雏期结束后到产蛋结束淘汰均在同一鸭舍，不再转移。这样利于生产管理，可采取全进全出制度，减少了疾病传播。饲养密度应达到舍内10只/米²、运

图2-20　商品肉鸭全网床饲养

图2-21　网上饲养加运动场

动场7 ~ 8只/米²。保证本场种鸭育成，育成舍应不小于350米²，运动场不小于700米²。

（三）种鸭舍

鸭舍有单列式和双列式两种。双列式鸭舍中间设走道，两边都有陆上运动场和水上运动场，在冬天结冰的地区不宜采用双列式。单列式鸭舍冬暖夏凉，较少受季节和地区的限制，故大多采用这种方式。单列式鸭舍走道应设在北侧。种鸭舍要求防寒、隔热性能更好，设天花板或隔热装置更好。屋檐高2.6 ~ 2.8米。窗与地面面积比要求1：8或以上，特别在南方地区南窗应尽可能大些，离地60 ~ 70厘米以上的大部分做成窗；北窗可小些，离地100 ~ 120厘米（图2-22）。舍内地面用水泥或砖铺成，并有适当坡度，饮水器置于较低处，并在其下面设置排水沟。较高处设置产蛋箱或在地面铺垫较厚的塑料供鸭产蛋之用。

种鸭舍应建设运动场（面积为鸭舍的1.5 ~ 2倍）和戏水池（面积为运动场的1/3左右），戏水池布局在运动场末端，以20°左右的缓坡与运动场相接（图2-23）。根据饲养规模，种鸭舍建筑面积不小于600米²，运动场不小于900米²，戏水池不小于300米²，戏水池深度不小于0.5米。

图2-22　种鸭舍通风墙

图2-23　种鸭舍运动场设置坡度和排水沟，减少鸭将水带进舍内

四、设备设施

（一）喂料设备

人工喂料主要有料筒（盆）、料槽（活动式料槽和固定式料槽），并设

置护栏（图2-24至图2-26）。使用时要根据鸭的品种类型和日龄的不同，配以大小合适的喂料器。不要让鸭进入喂料器内，以免弄脏饲料。喂料器要便于拆卸清洗和消毒（图2-27）。喂料器可因地制宜购买专用料筒，也可用塑料盆、旧轮胎等代用，需在上面加盖罩子（用竹条、木条或铁丝编织成）。自动喂料采用自动喂料系统，由链式喂料机或螺旋弹簧式喂料机、料槽等组成，要根据鸭的大小和密度合理设置料槽密度（图2-28至图2-31）。

图2-24　雏鸭料桶

图2-25　料　槽

图2-26　固定式料槽

图2-27　喂料盆，加分隔罩防止鸭进入料盆，种鸭限饲期防止过分抢食

图2-28　自动喂料系统加料装置

图2-29　自动喂料系统

图2-31　加料塔

图2-30　自动喂料系统

（二）饮水及洗浴设备

鸭饮水采取吊塔式或乳头式自动饮水系统。养殖户可采用饮水器、水槽等（图2-32至图2-37）。饮水槽除了满足鸭日常饮水所需外，还要考虑方便管理，避免浪费水，保持鸭舍清洁干燥。

（三）通风设备

鸭舍内通风按照舍内空气的流动方向有横向通风、纵向通风、联合通风三种。横向通风时气流从鸭舍一次进入，风机平均分布；纵向通风

图2-32　雏鸭饮水器

图2-33　农户自制饮水桶

图2-34　普通饮水槽

图2-35　浮头控制水槽中水量

图2-36　吊塔式饮水器

时风机设置于鸭舍的一侧山墙，气流从鸭舍的另一端进入；联合通风进风口均匀分布在鸭舍两侧墙壁上，鸭舍一端安装风机，并设屋顶排风机。一般采取纵向、横向通风结合使用，不管哪种通风方式，目的是将舍内污浊的空气排出，将舍外新鲜的空气送入舍内。通风设备要具有全低压、风量大、噪声低、

图2-37　乳头饮水器

节能、运转平稳、维修方便等特点（图2-38至图2-41）。

（四）降温设备

通风设备可以起到一定的降温效果，但夏季炎热时降温设备是必不

图2-38 鸭舍内风扇

图2-39 屋顶通风排气风扇

图2-40 通风窗

图2-41 育雏舍通风窗

图2-42 湿 帘

可少的，主要有湿帘降温系统（图2-42）、喷雾降温系统（图2-43）、冷风机（图2-44）等。湿帘降温系统主要由湿帘和风机配套组成，利用热交换的原理，使舍内空气温度降低，夏季可降温5～8℃。湿帘降温投资少、耗能低，是目前应用最为广泛的降温系统。喷雾降温系统有夏季降温、喷雾除尘、加湿、

图2-43 喷雾系统

图2-44 风机系统

环境消毒等作用。

（五）照明设备

光照控制设备包括照明灯、电线、电缆、控制系统和配电系统。另外，舍内还可安装微电脑自动控制光照系统。

（六）消毒设备

消毒设备包括场区消毒设备、鸭舍喷雾消毒设备等，场区消毒设备有进出入场区、生产区、鸭舍等的消毒池、消毒盘、消毒盆（图2-45）、喷雾系统（图2-46、图2-47）等，鸭舍喷雾消毒设备有背负式喷雾器、喷雾消毒车、自动喷雾系统等（图2-48、图2-49）。

图2-45 舍外简易消毒容器

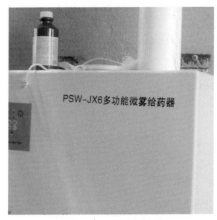

图2-46 微雾给药器

图2-47　微雾给药器出雾口

图2-48　喷雾消毒机

图2-49　智能化喷雾消毒系统

（七）清粪设备

网床养殖采取刮板式自动清粪，建有污水排放、粪便堆放及无害化处理设施（图2-50、图2-51）。

（八）防疫设备

防疫设备包括：①喷雾消毒设备，主要有推车式高压冲洗消毒器、背负式喷雾消毒器（图2-52）等。②免疫接种设备，主要有连续注射器（图2-53）、疫苗点滴瓶、刺痘针（图2-54）、喷壶等。

图2-50　清粪机粪沟

图2-51　自动清粪机

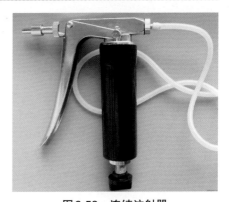

图2-53　连续注射器

图2-52　背负式喷雾器

（九）其他设备

除以上设备设施外，肉鸭场还需配备手推车、清洗机等实用的小型设备及用具（图2-55至图2-57），用于喂料、物料运送、清洗笼具等。

图2-54　刺痘针

图2-55　推　车

图2-56 喂料推车

图2-57 高压清洗机

肉鸭

第三章 鸭育雏期饲养管理新技术

商品肉鸭育雏期一般指0～3周龄，优质型肉鸭或种鸭育雏期一般指0～4周龄这一阶段。此阶段雏鸭生长发育快、代谢旺盛，但体质较弱、消化能力弱，容易感染疾病。因此要在了解育雏期鸭生理特点的基础上，抓好生产中的每个环节，提高育雏率（图3-1）。

图3-1 刚出雏的鸭苗

一、雏鸭的生理特点

（一）生长代谢快

雏鸭生长发育迅速、代谢快、饲料转化率高，前期增重快，育雏期末体重是初生重的二十多倍。由于饲料通过肠道的时间较短，因此粪便排出多，粪便分解出的氨气多，加上呼出的二氧化碳，容易损害雏鸭的上呼吸道。育雏期必须注意鸭舍通风换气，以保证鸭体的健康。

（二）体温调节机能弱

肉鸭刚出壳时的一段时间体温低，绒毛保温效果差，而且身体机能发育还不完全，因此调节体温的能力弱，难以适应外界环境温度的变化。因此，育雏期间要注意防寒保暖，使雏鸭体温处于恒定的状态。随着雏鸭日龄的增加身体机能发育完善，可逐渐降低舍内温度。

（三）消化能力弱，调节采食能力差

雏鸭消化器官容积小，消化机能和神经系统尚未发育完全，因此消化能力弱、调节采食的能力差，育雏前几天不易喂得过饱，要少喂勤添，否则容易引起雏鸭消化不良、便秘或拉稀等消化系统疾病。

（四）抵抗力弱

雏鸭对自然环境的适应能力差、抵抗力弱，免疫器官未发育完全，易受病原体侵袭，易患感冒、病毒性肝炎等疾病，生产中应十分注意环境消毒和对雏鸭疾病的防控。

（五）胆小怕惊扰

图3-2　雏鸭易受惊扰

雏鸭胆小，对外界环境的变化比较敏感，受到应激后容易造成精神紧张，乱跑乱窜或挤成一堆，压死压伤（图3-2）。因此，育雏期要保持鸭舍内外环境的稳定和安静，除饲养员外其余人员不要随意进入育雏舍。

二、育雏和供温方式

（一）育雏方式

常见的育雏方式有地面育雏、网上育雏和立体笼育雏三种，各有优缺点，农户或养殖场可根据自身条件、生产特点等来选择。

1. **地面育雏**　地面平养育雏即把雏鸭放在铺有垫料的地面上饲养（图3-3）。地面铺设稻草、麦秸、稻壳等作为垫料，厚度根据垫料的更换方式不同而不同，如果经常更换可薄一些（图3-4）。农户饲养或规模较小时可采用此种方式。地面育雏投资小，鸭不易发生腿部疾病或胸囊肿；缺点是占地面积大，雏鸭直接与垫料、粪便接触，鸭体较脏，易感染疾病。因此，现在采用这种方式的较少。

2. **网上育雏**　网上育雏是使雏鸭离开地面，鸭、粪分离的一种方式

图3-3 地面育雏舍

图3-4 规模化鸭场地面育雏

（图3-5）。网床一般采用塑料网、金属网或竹木栅条等材料制成。网床高度一般50～80厘米。因雏鸭脚掌小，选择网床时应注意网孔的大小，太大容易使鸭腿脚卡住受伤，太小容易积累粪便，不利于卫生（图3-6）。网上育雏比地面育雏的育雏量大大增加，且雏鸭感染疾病的概率降低，育雏率、饲料转化率高，是目前鸭育雏采用的主要方式之一。

图3-5 网上育雏准备，冲洗清粪，用于育雏前期

图3-6 网上育雏

3. 立体笼育雏

立体笼育雏是指将雏鸭饲养在多层金属笼内，育雏笼一般2～4层

（图3-7至图3-9），每格面积1米²左右。这种方式可以大大提高房舍利用面积和劳动效率，但一次性投资较大（图3-10）。

图3-7　二层立体育雏笼

图3-8　三层立体育雏笼

图3-9　四层立体笼育雏

图3-10　立体笼育雏

（二）供温方式

温度是育雏成败的关键，由于雏鸭体温低、调节体温的能力差，因此育雏前期必须人工加温，各地可根据实际情况，充分利用本地资源，选择简便、节能的供温方法。

1. **电热保温伞**　电热保温伞一般由金属或三合板制成，有隔热夹层，大小一般为上直径30厘米、下直径100厘米、高70厘米，有圆形、方形等形状，适用于平面育雏方式，每个育雏伞可育200～300只雏鸭。保温伞保温效果好、育雏率较高，但对电的依赖性高，无电或供电不稳定的地方不能使用（图3-11）。

2. **红外线灯**　利用红外线灯泡发热量较大的特点达到室内温度升高的目的。红外线灯可用于地面育雏和网上育雏的加温，是利用红外线灯发热量高的特点进行育雏的。灯离地面或网床的高度一般为10～15厘米，随着雏鸭日龄的增加要调整灯的高度（图3-12）。红外线灯育雏保温稳定、管理方便，但成本较高且也要在电力稳定的地方使用。

图3-11　保温伞

图3-12　红外线灯育雏

3. **煤炉供温**　煤炉由炉灶和铁皮烟筒组成（图3-13）。使用时先将煤炉加煤升温后放进育雏室内，炉上加铁皮烟筒，烟筒伸出室外，烟筒的接口处必须密封，以防煤烟漏出使雏鸡煤气中毒发生死亡。此方法适用于较小规模的养鸭户使用，方便简单、经济实用。

图3-13　煤炉加温育雏

4. **烟道或火炕供温**　烟道供暖的育雏方式对中小型鸭场较为适用。由火炉和烟道组成，火炉设在舍外（图3-14），烟道修在舍内，根据育雏舍面积在室内用砖砌1～2条烟道，通过烟道散发的热量对地面和育雏室内空间加温。它用砖或土坯砌成，较大的育雏室可采用长烟道，较小的育雏室可采用田字形环绕烟道（图3-15）。在设计烟道时，烟道进口的口径应大些，通往出烟口处应逐渐变小；进口应稍低些，出烟口应随着烟道的延伸而逐渐提高，以便于暖气的流通和排烟，防止倒烟（图3-16）。此种方式可保证育雏舍地面干燥、成本低、育雏效果好（图3-17）。使用烟道供温应注意烟道不能漏气，以

图3-14　火　炉

图3-15　正在建设中的地下烟道

图3-16　烟道供温口

图3-17　火炕育雏

防煤气中毒。

5. **暖风炉或锅炉供温**　暖风炉由火炉及暖风管或暖风扇组成。将火炉设在育雏舍一端，经过加热的空气通过管道上的小孔散发进入舍内，空气温度可自动控制（图3-18、图3-19）。锅炉供暖主要有水暖型和气暖

图3-18　暖风炉供温系统

图3-19　暖风炉出风口

型两种，水暖型主要以热水经过管网进行热交换，升温缓慢但保温时间长（图3-20）；气暖型管网以气体进行热交换，升温快、降温也快。

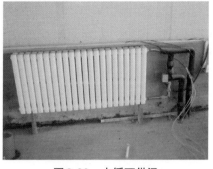

图3-20　水循环供温

三、育雏前的准备

为了保证雏鸭快速、健康生长，育雏前必须做好以下准备工作。

（一）育雏舍及设备的准备

1. **鸭舍整理**　育雏前，要彻底打扫鸭舍周围环境，做到鸭舍周围无鸭粪、羽毛、垃圾，可移动的设备如饮水器等移出鸭舍进行清洗、消毒。清洗鸭舍前，要先关闭总电源。用高压水枪对鸭舍的屋顶、墙壁、地面、网床、风扇等进行冲洗，彻底冲掉附着在上面的灰尘和杂物，最后清扫、冲洗鸭舍地面。清洗后，打开鸭舍的全部门窗，充分通风换气，排出湿气。

2. **育雏设备的准备**　育雏前，食槽或料桶、饮水器或饮水槽、照明设施、温度计、湿度计、水桶、注射器、围栏等要准备充足。垫网、饮水器、料筒、推车等设施用清水冲洗干净，进行消毒处理后备用。

3. **设备检修**　清洗完成后，进行设备的检修和安装，包括供暖设备、风机、饮水器、笼具等。检修完毕后进行最后一遍整体喷洒消毒。

（二）消毒方法

消毒的目的是杀死病原微生物。不同的地方、不同的设施设备要采用不同的消毒方法。

1. **火焰消毒法**　可用火焰喷灯消毒地面、金属网、墙壁等处，要求均匀并有一定的停留时间（图3-21）。

2. **药液浸泡或喷雾消毒**　用百毒杀等消毒药按产品说明书规定的

图3-21　火焰消毒

浓度对所需的用具、设备，包括饲喂器具、饮水用具、塑料网、竹帘等进行浸泡或喷雾消毒，然后用2%～3%氢氧化钠溶液消毒地面。如果采用笼育或网上平养育雏，应先检修好设备，然后进行喷雾消毒。消毒时要注意药物的浓度与剂量，并注意避免药物与人的皮肤接触。

3. **熏蒸消毒** 熏蒸消毒一般采用"福尔马林＋高锰酸钾"法。用量为每平方米用甲醛20毫升、高锰酸钾10克和热水20毫升，密闭消毒12～24小时，消毒结束后须彻底通风2～3天，然后再放入雏鸭。若急需使用育雏室时，可采用氨气熏蒸法。方法是每50米^{2}育雏鸭舍用氯化铵1 000克、生石灰1 200克和75℃热水3 000毫升，配成混合液，将此混合液放入密封的育雏舍内5～10小时，通风5小时后既可使用。注意在熏蒸之前，先把窗户、通气口堵严，舍内升温至20～25℃或以上，湿度65%以上。

（三）饲料、药品的准备

按照肉鸭的日龄和体重增长情况，在进雏前2～3天准备足够的自配粉料和成品颗粒饲料，不仅要保证雏鸭一进入育雏舍就能吃到营养全面的饲料，而且要保证整个育雏期的饲料供应充足、质量稳定。如北京鸭从出壳到21日龄，每只鸭需耗料1.7～2.0千克。此外，要为雏鸭准备一些必需的药品，如土霉素、高锰酸钾、复方新诺明等。

（四）预温

无论采用哪种方式育雏和供温，进雏前2～4天（根据育雏季节和加热方式而定）应对舍内保温设备进行检修和调试。采用地下火道或地上火笼加热方式的，在冬季和早春要提前3～4天预温，其他季节提前2～3天预温；其他加热方式一般提前2天进行预温。在雏鸭转入育雏舍前1天，要保证舍内温度达到育雏所需要的温度（要求距离床面10厘米高处达到33℃），并注意加热设备的调试以保持温度的稳定。试温的主要目的在于提高舍内空气温度，加热地面、墙壁和设备。因舍内湿度高会影响雏鸭的健康和生长发育，所以试温期间要在舍温升起来后打开门窗通风排湿。新建的鸭舍或经过冲洗的鸭舍都必须采取措施调整舍内湿度。

（五）饲养员和生产表格的准备

肉鸭养殖是一项耐心细致、复杂而辛苦的工作，开始养殖前要选好饲养人员。饲养人员要具备一定的养鸭知识和操作技能，有认真负责的工作态度。设施设备比较先进的规模化养鸭场，一般每人可饲养1 000～20 000只鸭；设施设备比较简陋的大棚养鸭，每人可饲养2 000～3 000只鸭。根据饲养规模的大小，确定好人员数量。在上岗前对饲养人员进行必要的技术培训，明确责任，确定奖罚指标，以调动饲养人员的生产积极性。准备好记录本和表格，目的是记录每天的饲料消耗量、死亡鸭数量、用药情况、使用疫苗情况，建立生产档案。

四、育雏条件的控制

（一）温度

育雏舍合适而平稳的温度环境是确保雏鸭成活和健康生长的关键。室内温度可用温度计测量（图3-22、图3-23），此外，可结合观察雏鸭的行为判断给温是否合适。温度适宜时，雏鸭饮水、采食活动正常，不打堆，行动灵活，反应敏捷，休息时分布均匀，生长快。温度偏低时，雏鸭趋向热源，相互挤压打堆，易发生呼吸道疾病，易造成死伤，生长速

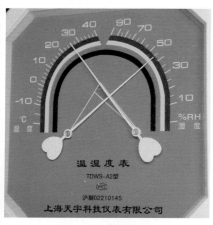

图3-22 温湿度表

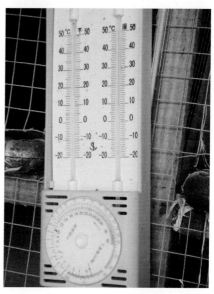

图3-23 干湿球温度计

度也会受到影响；温度偏高时，雏鸭远离热源，渴欲增加，食欲降低，正常代谢受到影响，抗病力下降；育雏温度适宜时，雏鸭散开活动，躺卧姿势舒展，食后静卧无声。雏鸭适宜的温度：1～3日龄32～35℃，4～6日龄30～32℃，7～10日龄25～30℃，11～15日龄20～25℃，16日龄后可视气温情况，逐步减温或采用常温。

（二）湿度

雏鸭出雏后，通过运输或直接转入干燥的育雏室内，雏鸭体内的水分会大量丧失，失水严重会影响卵黄物质的吸收，影响雏鸭的健康和

图3-24　除湿机

生长。因此，育雏初期（第1周）育雏舍内需保持较高的相对湿度（60%～70%）。随着雏鸭日龄的增加体重增长、呼吸量加大、排泄量增大，此时应尽量降低育雏舍的相对湿度，从第2周开始，舍内湿度应维持在50%～60%（图3-24）。

（三）通风

雏鸭新陈代谢旺盛，需要不断吸入新鲜的氧气，排出大量的二氧化碳和水汽；地面育雏的鸭粪和垫料等分解后会产生大量氨气和硫化氢等有害气体。因此，要保证雏鸭正常健康生长，应加强育雏舍的通风换气工作，确保空气新鲜。但育雏前期要缓慢通风，保证温度的稳定。

（四）光照

为利于新出壳雏鸭自由活动、自由采食；为便于饲养管理和观察鸭群精神面貌，及时发现鸭群存在的问题，新出壳雏鸭一般采用较强的连续光照，光照强度为1.5～2.0瓦/米^2。光照时间如下：1～7日龄24小时/天，8～14日龄22小时/天，15～18日龄16小时/天，19～21日龄14小时/天，光照变化要逐渐过渡。

五、雏鸭的饲养管理技术

（一）饮水

初生雏鸭开食前的第一次饮水称为"开水"，一般在出壳后24小时之内进行。"开食"之前先"开水"。由于出雏器内的温度较高，雏鸭体内的水分散发较多，因此，必须适时补充水分。雏鸭受到水的刺激后，生理上处于兴奋状态，可促进胎粪排泄，有利于"开食"和生长发育。开水后，必须不间断供水。运输路途较远的，待雏鸭到达育雏舍休息半小时左右应立即供给添加多维素和1%葡萄糖的水让其饮用。饮水时要防止雏鸭嬉水，以免弄湿羽毛而感冒。"开水"可根据饲养数量和条件选择合适的方法。

（1）**鸭篮"开水"** 将鸭放入篮内，将鸭篮慢慢浸入浅水中，使水浸没雏鸭脚面为止，这时雏鸭可以自由地饮水，时间一般2～3分钟。

（2）**喷洒"开水"** 在雏鸭绒毛上喷洒些水，雏鸭互相啄食小水珠饮水。

（3）**水盘"开水"** 将雏鸭放在水盘内饮水、洗毛2～3分钟，抓出放在垫草上理毛、休息。

（4）**饮水器"开水"** 饮水器内装满干净的水，让其自由饮水。开始要进行调教，可以用手敲打饮水器的边缘，引导雏鸭饮水，只要有个别雏鸭到饮水器边来饮水，其他雏鸭就会跟上。

（二）喂料

1. **开食** 第一次喂料称为"开食"，一般在雏鸭开水后15～30分钟进行。如果气温较高，雏鸭精神活泼并有求食的表现时，也可以在开水后紧接着开食。开食方法：饲喂时在地上放一张塑料布，在上面均匀地撒上饲料，可在饲料中添加些葡萄糖，宜于雏鸭吞食和消化；也可用雏鸭专用开食盘开食（图3-25）。对于不吃食的雏鸭，应用

图3-25 开食盘

滴管或注射针筒吸葡萄糖水单独饲喂。雏鸭饲料应选营养丰富、易于消化、适口性好、便于啄食的小颗粒饲料，最好采用全价颗粒饲料，全天供料，给足饮水。

2. 饲喂方法　雏鸭消化道较短、消化机能不健全，饲喂时每次不宜喂得太多，若一次喂得过饱，易造成消化不良，一次只喂六七成饱即可。由于雏鸭胃肠容积小而消化速度快，如果喂食次数少，使雏鸭饥饿时间长（喂食时间超过4小时，雏鸭就处于饥饿状态），就会影响雏鸭的生长发育。在育雏初期（1周内）要做到少喂料、勤添料，白天喂6～8次，夜间喂1～2次，以保证雏鸭生长发育的需要。

（三）适时分群

雏鸭生长速度快，随着其日龄的增长，排泄物越来越多，各栏的密度也逐渐增大，需根据鸭群和天气状况，及时、快速、合理地分群。雏鸭分群应根据大小、强弱等进行，使弱小雏鸭的生长加快，达到全群鸭生长均匀、发育整齐的目的。一般以每群250～300只为宜。这样既可以使雏鸭饲养密度更加合理，有效降低垫料的使用量，同时利于鸭群均匀度的提高和健康。

（四）适时脱温

雏鸭经过一段时间的饲养，对舍内环境比较适应，达到一定日龄后，必须考虑适时脱温，以利于其生长发育（图3-26）。脱温的时间根据雏鸭饲养日龄、外界环境温度及健康状况决定。一般夏天7～10日龄、冬天15～20日龄，一般在晴天的中午进行。事先做一些半脱温工作，保温舍内与舍外温度落差不要超过3℃。

图3-26　脱温鸭网上饲养

（五）饲养密度

密度应根据季节、雏鸭的日龄和环境条件等灵活掌握。密度过大，鸭群拥挤，采食、饮水不均，影响生长发育，鸭群的整齐度差，也易造成疾病的传播，死淘率增高；密度过小，房舍利用不经济。育雏期每只鸭所需面积一般为身体所占面积的3～5倍，还要根据饲养方式、育雏季节等合理分配，如网上育雏时较合理的密度是：1周龄25～30只/米^2，2周龄15～25只/米^2，3周龄10～15只/米^2，4周龄8～10只/米^2。地面平养密度要小一些，冬天密度大些，夏天密度小些。

（六）运动和洗浴

育雏期内进行洗浴和运动，可促进鸭只新陈代谢、增强体质、促进发育（图3-27）。雏鸭的尾脂腺不发达，初期洗浴的时间要短、水要浅（图3-28）。选择晴天无风的中午，5～7日龄开始每天在浅水中洗浴5～8分钟，第2周龄则可洗浴15～20分钟，以后逐渐延长。

图3-27　雏鸭运动场运动

图3-28　雏鸭运动洗浴

（七）公母鉴别、个体标识

雏鸭公母鉴别在肉鸭养殖中是一项重要而实用的技术，能起到增收节支的作用。商品肉鸭可以通过公母分开饲养，促进公鸭快速育肥，缩短饲养周期；种鸭可按性别比例配套提供。最常用的方法是翻肛鉴别，操作时鉴别人员左手的中指和无名指夹住雏鸭颈口，使其腹部向上，右手的大拇指和食指放在泄殖腔两侧，轻轻翻开泄殖腔，如在泄殖腔下方捡到0.2～0.4毫米的细小突起为公雏，如果是八字状的皱襞则为母雏（图3-29）。另外，捏肛鉴别也是经常采用的方法，比翻肛速度快，要求操作者手指要有高度的敏感性。操作方法：操作员左手握紧雏鸭，拇指贴紧雏鸭背部，其余四指托住其腹部，使其背向上、腹向下，肛门朝向操作者，右手的拇指和食指在泄殖腔两侧轻捏，如手指感觉有一细小突起则为公雏，弱而没有突起则为母雏（图3-30）。雏鸭出壳绒毛干后12小时是进行公母鉴别的最佳时间。

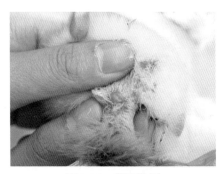

图3-29　翻肛鉴别

图3-30　捏肛鉴别

种鸭场进行谱系孵化时，所孵化的雏鸭必要时需进行个体标记，雏鸭最常用的标记为翅号，一般于右翅尺骨和桡骨前侧翅膜穿入，此法佩戴容易，不易脱落，字号清晰（图3-31）。此外，也可在鸭脚蹼间用编号钳打洞或剪缺进行编号，这种方法标记容易，但识别较难。

（八）断喙

在集约化养鸭中，给雏鸭断喙可以控制种鸭的啄羽，即将鸭喙的上端切短，使鸭喙夹不住羽毛。热断喙是将鸭喙与电热断喙机上的电热片（固定片）接触，烧去鸭喙的上部（图3-32）。在出雏当日断喙，雏鸭可以立即饮水采食，应激较小。

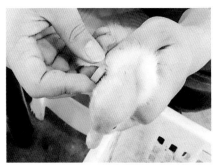

图3-31　雏鸭佩戴翅号

图3-32　断喙器

六、育雏效果的检测

(一)活重及均匀度

育雏期的饲养效果直接影响商品肉鸭出栏率和种鸭繁殖期的生产性能，做好育雏饲养管理的各个环节，雏鸭饲养得好，均匀度80%以上，育雏成活率高。育雏期可每周或隔周测定体重以了解雏鸭生长情况，为了减少应激，应在周末清晨空腹进行（图3-33）。

图3-33 称 重

(二)羽毛发育情况

羽毛的发育状况也是反映育雏效果的一个重要指标。鸭羽毛的整齐度、羽翼长度、光泽度、丰满程度、脱毛的干净程度等都会影响产品的商业价值。在目前行情下不同的品种及体重每只成鸭的羽毛有不同的收益。如果成鸭的体重达到上市标准，而羽毛生长过慢，将大大推迟上市时间，增加养殖成本和风险，降低养殖效益。

第四章 育成期饲养管理新技术

商品肉鸭育雏结束到出栏的这一阶段为育成期，有的按照饲喂方式不同分为育成和育肥期；种鸭育成期一般指5周龄开始至产蛋这一段时间。此阶段肉鸭体重大大增加，神经系统、消化系统等机能也渐趋发育完善，对环境的适应能力增强，食欲旺盛，生长快，成活率高。商品肉鸭进入生长-育肥阶段，而种鸭需要考虑今后的繁殖性能，此阶段需要采取限制饲养，不能让其长得过快过肥。

一、总体要求

育成期的饲养管理应注意保证鸭的营养供应，充分发挥此期生长发育快的优势，使之身体健壮。饲养以舍饲为主、放牧为辅，分群饲养、减细加粗为原则。商品肉鸭一旦达到上市要求应尽快上市，快长型肉鸭一般42～45日龄、体重达2.5～3.0千克，中小型肉鸭一般体重在1.5～2.0千克、8～10周龄以后上市。肉种鸭育成期饲养管理水平决定未来种鸭生产性能的高低，因此种鸭育成期应十分重视体重生长及种鸭饲喂方式、环境卫生、饲养密度和光照等，一般实施限制饲喂。

二、饲养方式

（一）全舍饲

肉鸭育成期全舍饲一般为网上饲养，网下为自动清粪系统或者发酵床，这种养殖方式在我国一些地方已逐渐成为商品肉鸭的一种主要生产方式。它是雏鸭从出壳到出栏全过程完全在舍内网床上饲养，一次也不下水活动或放牧的饲养方法，打破了长期以来养鸭离不开江河湖泊、池塘水库的传统饲养方法，成为一种新的快速养殖模式（图4-1至图4-4）。主是用于饲养樱桃谷鸭、北京鸭等大型肉鸭品种，采用全价饲料饲养，一般42～45天就可出栏上市。也有种鸭全网上饲养的情况。

图4-1　肉鸭全舍饲

图4-2　农户全舍饲饲养肉鸭

图4-3　种鸭全舍饲饲养

图4-4　种鸭全舍饲网床下发酵床

（二）半开放式饲养

鸭舍一般包括舍内和运动场、水池三个部分，鸭可自由进出运动场活动、洗浴，也可固定时间放出。舍内一般有地面养殖和网上养殖两种方式，是目前肉种鸭和优质小型肉鸭普遍的饲养方式。这种饲养方式的优点是可以人为地控制饲养环境，受自然界因素制约较少，有利于科学养鸭，达到稳产高产的目的；由于集中饲养，便于向集约化生产过渡，同时可以增加饲养量、提高劳动效率；由于不外出放牧，减少感染寄生虫病和传染病的机会，从而提高成活率（图4-5至图4-14）。

图4-5 舍内地面舍饲

图4-6 地面舍饲运动场

图4-7 种鸭地面舍饲

图4-8 地面发酵床养殖肉鸭

图4-9 肉鸭全网上饲养

图4-10 网上饲养肉鸭舍外

图4-11　网上饲养

图4-12　简易矮网床

图4-13　运动场和水池顶棚遮盖，可实现雨污分流

图4-14　网床+地面运动场+水池

（三）放牧饲养

放牧养鸭我国传统的饲养方式，适用于中小型品种和麻鸭品种的小规模饲养。可放入冬闲稻田、塘库、溪渠等水域。放牧时间一般上下午各1次，上午在11时前，下午在4时后。同时每天补喂配合饲料2～3次。农户如果饲养规模不大，可利用周围地势及自然资源，采取放牧饲养的方式，可以降低饲料成本，鸭肉口感好，种鸭繁殖性能优（图4-15至图4-19）。由于放牧对环

图4-15　鱼塘养鸭

图4-16 水域放牧饲养

图4-17 稻田养鸭

图4-18 冬闲田养鸭

图4-19 鸭鱼共养

境和水源有污染，大规模生产时采用放牧饲养的方式越来越少。

三、商品肉鸭饲养管理技术

（一）育成期饲养管理要点

1. 合理分群 雏鸭一般饲养至25～28日龄时，即可转入育成鸭舍饲养。育成期应分群饲养，每群鸭以150～200只为宜，供足饮水，要适当加喂青饲料。选择好天气进行转群，转群前后应添加电解多维，转群前4小时应断料以减少鸭的应激；转群时，按大小强弱分群，对体重较小、生长缓慢的弱中鸭应集中饲养，加强管理，以减少死亡率，不至于延长饲养日龄，影响出售日期。

2. 更换饲料 4周龄后肉鸭采食量大大增加，生长速度加快，应更换成育成料。在转群前提前3天逐渐调换，使肉鸭慢慢适应新的饲料，同时添加电解多维防止应激。饲料不能突然改变，要逐渐过渡，过渡期一般为3天，具体方法：日粮第1天由2/3过渡前料和1/3过渡后料组成，第2天由1/2过渡前料和1/2过渡后料组成，第3天由1/3过渡前料和2/3过渡后料组成，第4天完全为过渡后料。逐渐过渡可减少因饲料突然变化而造成的消化不良、腹泻、拒食等现象。育成期肉鸭日粮蛋白质水平低于育雏期，而能量水平相同或略高，饲料颗粒直径为3～4毫米，以方便采食。

3. 温度、湿度　鸭舍温度保持在15～18℃为宜，直至出栏。空气相对湿度最好保持在50%～55%。应保持地面垫料或粪便干燥。

4. 通风、光照　育雏期过后，肉鸭增重迅速，粪便排放量增加，舍内氨气、一氧化碳等有毒气体含量增多，这些有毒气体很容易损伤肉鸭呼吸系统，降低它们的生产性能，严重的还会使鸭患病死亡，所以要加强通风换气，保持空气清洁。但要避免贼风侵袭鸭群。肉鸭育成期对光照的要求不高，光照强度以能看见采食即可，每平方米用5瓦白炽灯，一般采用自然光照即可。

5. 饲养密度　育成期饲养密度因品种、周龄、季节不同而不同，要随时观察肉鸭健康状况，及时进行调整。调整饲养密度的方法要根据饲养方式的不同而确定，如果在整个饲养期均采用地面平养的饲养方式，在育成期可以把护板撤去，直接将饲养密度调整到出栏时的水平，即每平方米5～6只；如果在整个饲养期均采用网上饲养的饲养方式，在育成期调整饲养密度时，直接调整为每平方米7～8只，也可以按周龄随时调整饲养密度。若育雏期和育成期采用不同的饲养方式，则调整时应注意防止肉鸭伤亡。

6. 运动、洗浴　对于采取半舍饲地面饲养和放牧饲养方式的，可加强洗浴和锻炼，有条件的可放河中散养。

7. 防止啄羽　如果鸭群密度太大，或地面、环境湿度太大，通风不好，饲料营养不全面，都会引起鸭互相啄羽，必须在饲养管理中予以特别注意。

（二）肉鸭育肥期的饲养管理

对于麻鸭品种，如建昌鸭、高邮鸭、广西麻鸭等，在其45日龄至出栏为育肥时期，育肥期一般为10～15天；而对于大型肉鸭品种，如樱桃谷鸭、北京鸭，如果采取网上育肥，一般45日龄就可出栏上市。

1. **饲喂特点** 肉鸭育肥期间要使用高能量、低蛋白的配合饲料。

2. **育肥方式**

（1）**自食育肥** 将配合饲料用水拌湿放置3～4小时待发酵后饲喂，白天饲喂4～5次，夜间再补喂1次，边喂料边供水。鸭舍光线要暗，鸭场要清洁卫生、通风良好。

（2）**栏养育肥** 用竹篾隔成小栏，每栏容鸭2～3只。小栏面积不能大于鸭体的2倍，高度为45～55厘米，以鸭能站立为宜。栏外设置饮水器和饲槽，让鸭伸出头吃食饮水。饲料供给要充足，白天喂3次，晚上喂1次。

（3）**填饲育肥** 将饲料用温水拌匀，做成直径3.3厘米、长1～5厘米的圆条，稍凉后人工填鸭。操作者坐在小凳上，双腿夹住鸭体下部，左手拇指和食指撑开鸭嘴，中指压住鸭的舌头，右手将圆条沾点水使之润滑，然后从鸭的口腔向食管填入。开始每天填喂3次、每次3～4条，以后逐渐增至5～6次、每次5～8条。填喂后供足饮水，每天进行30分钟的水浴，以利消化。也可用填饲机填饲育肥（图4-20、图4-21）。

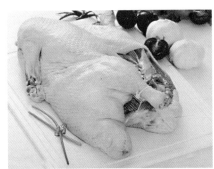

图4-21 经填饲的肉鸭皮下脂肪和肌间脂肪丰富，烤制后口感、味道更好

图4-20 填饲机

3. **饲养管理要点**

（1）适时分群，淘汰残次鸭，中鸭45日龄前后按成鸭标准饲养。实施强制育肥前要淘汰瘫、残、病鸭。按鸭的性别、大小、强弱合理分群，

以便管理和掌握填料量。

（2）搞好环境卫生和消毒，水槽每天清洗一次，保证鸭饮水的清洁卫生。

（3）每天喂料时必须等料槽里的饲料吃完再添，保证饲料新鲜。

（4）保持适当的饲养密度，一般前期每平方米 2.5～3 只、后期 2～2.5 只，夏季在同样的面积上要比其他季节减少 10%～15%，一般每平方米 饲养商品肉鸭的总重量不能超过 20 千克。

（5）冬季育肥肉鸭要注意防寒保暖、正确通风、降低湿度和有害气体含量。

（6）填喂时动作要轻，每次填喂后让其适当活动，帮助消化，促进羽毛的生长，每隔 2～3 小时左右驱赶一次，但不能粗暴驱赶。

（7）白天少填、晚上多填，始终保持鸭舍环境安静，减少应激。

四、肉种鸭育成期饲养管理

肉用鸭品种的育成鸭一般指 5～26 周龄的鸭，结束之后即是产蛋期，能否保持产蛋期的产蛋量和孵化率，关键是在育成期能否控制好体重和光照时间。

（一）饲养方式

肉用种鸭育成期一般采用半舍饲饲养方式，有运动场和洗浴池。

（二）营养条件

育成期饲以全价饲粮，可以用粉料（拌成湿粉），也可以用颗粒料（直径为 5～7 毫米）。育成期与其他时期相比，营养水平宜低不宜高、饲料宜粗不宜精，目的是使育成鸭得到充分锻炼，使蛋鸭长好骨架。因此，代谢能只有 11 297～11 506 千焦/千克，蛋白质为 15%～18%。半圈养鸭尽量用青绿饲料代替精饲料和维生素添加剂，约占整个饲料量的 30%～50%，青绿饲料可以大量利用天然的水草，蛋白质饲料约占 10%～15%。

（三）饲养管理要点

1. 饲养密度　肉种鸭从第 5 周龄开始至第 24 周龄，种鸭舍内适宜的饲养密度为3.5只/米^2，室外运动场适宜密度为2.0只/米^2，每只鸭应有0.1米^{2}的洗浴池。

2. 分群饲养 种鸭应分群饲养，群体大小以300～400只左右为宜。鸭舍宜用60厘米高的围栏分隔，每栏面积120～150米^2。每栏提供6～8米长的饮水槽和足够的食槽，保证全群种鸭能同时采食到饲料，这对种鸭体重达到或接近标准体重有重要作用。体重过高或过低均会降低种鸭的产蛋量和种蛋的孵化率。

3. 光照控制 光照的长短与强弱也是控制性成熟的方法之一。育成鸭的光照时间宜短不宜长。有条件的鸭场，鸭5～20周龄时，每日固定9～10小时的自然光照，育成期固定光照以不超过11小时为宜。光照强度为5勒克斯，其他时间可用朦胧光照。21～26周龄逐渐增加光照时间，直到26周龄时达到17小时的光照。下面的加光时间可供参考：

21周 天黑开灯，晚上6时关灯。

22周 天黑开灯，晚上6时关灯。

23周 天黑开灯，晚上7时关灯。

24周 早上5时开灯，天亮关灯，天黑开灯，晚上8时关灯。

25周 早上4时开灯，天亮关灯，天黑开灯，晚上8时关灯。

4. 环境条件 鸭舍内地面和垫草要求干燥，垫草不能反复使用，防止霉菌病和其他细菌病（大肠杆菌、浆膜炎等）的发生。鸭舍内保持良好的通风环境，有利于降低氨气等有害气体，保证鸭舍空气新鲜。

（四）限制饲喂

1. 种鸭限制饲喂的意义 种鸭育成期实施限制性饲养的目的在于降低种鸭营养进食量，控制种鸭体重，抑制种鸭性发育，使种鸭具有适合于产蛋的体重要求（图4-22）。种鸭标准体重是根据种鸭生长发育规律、体重与产蛋量的关系建立的适合于种鸭产蛋的适宜体重。种鸭体重大小与性成熟、产蛋日龄、产蛋量、蛋重、受精率和孵化率等有关。育成期采食营养过量将导致体

图4-22 限制饲养喂料

重过大，体况过肥，性成熟提前，产蛋高峰期缩短，产蛋量下降。种鸭产蛋期体况过肥，畸形蛋增加，死亡率和淘汰率提高。种鸭在育成期严格按标准体重模式生长是实现正常产蛋的保证，有助于提高种鸭的产蛋率和受精率，延长种鸭的有效利用期，提高饲养种鸭的经济效益。

2. **饲喂量的确定** 从5周龄开始完全改喂育成期日粮，每日每只给料150克（或按育种公司提供的标准给料）。28日龄早上空腹称重，计算出每群公、母鸭的平均体重，与标准体重比较，标准范围±2%内皆为合格，然后按各群的饲料量给料。以后直到23周龄，每周第一天早上空腹称重，比例为10%（公鸭可按 20%～50%）。若低于标准体重，则增加饲料10克/（只·日）或5克/（只·日）；若高于标准体重，则减少饲料5克/（只·日）。若增加（或减少）饲料还没有达到标准，则再增加10克或5克（或减少5克）。当达到标准体重时，下周按150克/（只·日）饲喂。确保公母鸭接近标准体重。Z型北京鸭种鸭喂料量与父母代育成期体重增长见表4-1、表4-2，供参考。

表4-1 Z型北京鸭种鸭喂料量计划

周 龄	饲料类型	喂料量[克／（日·只）]	饲喂方式
1	育雏期饲料	25	自由采食
2		60	自由采食
3		90	自由采食
4		125	日喂3次
5	育成期饲料	130	日喂2次
6		135	日喂1次
7		135	日喂1次
8		137	日喂1次
9		140	日喂1次
10		140	日喂1次
11		140	日喂1次
12		142	日喂1次
13		142	日喂1次
14		145	日喂1次

（续）

周　龄	饲料类型	喂料量[克／（日·只）]	饲喂方式
15	育成期饲料	145	日喂1次
16		150	日喂1次
17		150	日喂1次
18		155	日喂1次
19		155	日喂1次
20		160	日喂1次
21		165	日喂1次
22		170	日喂1次
23	产蛋前期饲料	180	日喂1次
24		190	日喂2次
25		200	日喂2次
26	产蛋期饲料	215	日喂3次
27		225	日喂3次
28～70		自由采食	

表4-2　Z型北京鸭父母代育成期体重增长（克）

周　龄	母鸭体重范围			公鸭体重范围		
	3%	标准体重	-3%	3%	标准体重	-3%
1		255		—	260	—
2		630		—	640	—
3		1 150		—	1 150	—
4	1 674	1 625	1 576	1 514	1 470	1 426
5	2 060	2 000	1 940	1 895	1 840	1 785
6	2 266	2 200	2 134	2 225	2 160	2 095
7	2 420	2 350	2 280	2 518	2 445	2 372
8	2 524	2 450	2 377	2 780	2 700	2 620
9	2 575	2 500	2 425	2 893	2 880	2 727
10	2 627	2 550	2 474	3 085	2 995	2 905

（续）

周 龄	母鸭体重范围			公鸭体重范围		
	3%	标准体重	−3%	3%	标准体重	−3%
11	2 678	2 600	2 522	3 172	3 080	2 988
12	2 730	2 650	2 571	3 260	3 165	3 070
13	2 781	2 700	2 619	3 316	3 220	3 124
14	2 833	2 750	2 668	3 378	3 280	3 182
15	2 884	2 800	2 716	3 430	3 330	3 230
16	2 936	2 850	2 765	3 492	3 390	3 288
17	2 987	2 900	2 813	3 554	3 450	3 346
18	3 040	2 950	2 862	3 605	3 500	3 395
19	3 090	3 000	2 910	3 557	3 550	3 443
20	3 142	3 050	2 960	3 708	3 600	3 492
21	3 193	3 100	3 007	3 770	3 660	3 550
22	3 245	3 150	3 055	3 821	3 710	3 600
23	3 296	3 200	3 104	3 873	3 760	3 647
24	3 348	3 250	3 152	3 914	3 800	3 686
25	3 348	3 250	3 152	3 965	3 850	3 735
26	3 348	3 250	3 152	3 965	3 850	3 735
27	3 348	3 250	3 152	3 965	3 850	3 735
28	3 348	3 250	3 152	3 965	3 850	3 735

3. **饲喂方法**　限制性饲养即根据种鸭的生长发育阶段和体重生长情况有计划地控制种鸭每日营养物质采食量，使种鸭体重达到或接近标准要求。限制喂料量或限制日粮的营养浓度是常用的控制种鸭体重的方法，均能取得良好的效果。

限制喂料量：一种是按每天限饲量将1天的全部饲料在上午8:00～9:00时一次性投入，本法适合于群体较小（100～200只）的种鸭群；另一种是把两天应喂的饲料在1天一次性投入，第2天不喂料，称为隔日限饲，适用于饲养密度较大的种鸭群，在开产前要逐步过渡到每天喂一次料。

4. 限饲注意事项

（1）饲粮营养要全面，一般不供应杂粒谷物。

（2）必须空腹称重。

（3）一般正常鸭群在4～6小时吃完饲料。喂料不改变的情况下，应注意观察吃完饲料所需时间的改变。

（4）从开始限饲就应整群，将体重轻、弱小的鸭单独饲养，不限制饲养或少限制饲养，直到恢复标准体重后再混群饲养。

（5）限饲过程中可能会出现死亡，应照顾好弱小个体。

（6）限饲要与光照控制相结合。

（7）喂料在早上一次投入，加好料后再放鸭吃料，以保证每只鸭都吃到饲料。若每日分2次或3次投料，则抢食能力强的个体几乎每次都吃饱，而弱小个体则过度限饲，影响群体的整齐度。

（五）开产前饲料的调整

从24周龄开始，把育成期日粮改为产蛋日粮时，增加10%的饲料喂量。例如，每日每只给料135克，那么24周龄时应增加到149克。在产第一个蛋时要进一步增加饲料喂量15%，即在产第一个蛋后，每日每只的饲料量应达到171克，改喂产蛋期饲粮和增加饲喂量，要连续4周加料，每周增加25克产蛋期饲粮。4周后完全进入产蛋期饲料，自由采食。

（六）种鸭选择

肉种鸭在产蛋前2周对其进行一次选择，选择的重点是配种公鸭，选择符合品种标准、健康、活泼灵敏、羽毛丰满、体躯强壮有力的公鸭留种，淘汰多余公鸭。而母鸭主要是淘汰体质特别弱的个体，公母配种比例因品种而异，大型肉鸭一般1∶5左右，小型品种一般1∶（8～10）。

第五章 种鸭产蛋期饲养管理新技术

一、产蛋鸭的特点

大多数肉鸭专用品种在26周龄开产（肉鸭群体产蛋率达到5%即为开产），少数优质型或兼用型肉鸭品种20周龄左右开产。肉种鸭一般在28～30周龄产蛋率达到15%，33～35周龄进入产蛋高峰期，产蛋率达到90%以上。产蛋高峰期可持续1～3个月。产蛋鸭具有以下特点。

（1）代谢旺盛，觅食能力强　产蛋期母鸭的代谢很旺盛，表现出很强的觅食能力，尤其是放牧鸭群。

（2）性情温驯　产蛋期种鸭在鸭舍内安静地休息，不到处乱跑乱叫。

（3）规律性强　放牧时一般上午以觅食为主，间以嬉水和休息，中午和下午以嬉水、休息为主，交配活动多在早晨和黄昏，产蛋则集中在凌晨进行。

因此，在肉种鸭产蛋期应根据其生理特点，提供适宜的饲养管理条件和营养水平，以获得较高的产蛋量及种蛋受精率和孵化率。

二、饲养方式

（一）地面舍饲

这是目前采用最多的饲养方式，鸭舍一般包括屋（或棚）舍、陆地运动场和水面运动场三个部分，舍内设产蛋窝。采用这种方法可大群饲养，饲养管理方便，产蛋量高。但要保证饲料营养，成本较高（图5-1至图5-3）。

图5-1　种鸭地面饲养

图5-2　鸭地面垫料饲养

（二）网上饲养

种鸭网上饲养有两种方式，一种是网上饲养加地面运动场，种鸭通过舍内与运动场之间的斜坡出入。这种方式网床下面可用自动清粪、人工冲洗等方式处理粪污，既可保持鸭体清洁干燥，又可保证鸭足够的运动量以提高繁殖性能（图5-4至图5-6）；另一种是纯网上饲养，即旱养，这种方式种鸭的一切活动都在网上，粪便、废弃物等通过垫网漏下，利用自动清粪机或者发酵床等方式处理，可以大大减少养殖场的污染（图5-7、图5-8），但如果饲养管理不当，会影响种鸭生产性能。

（三）放牧饲养

农户饲养种鸭一般采取放牧饲养方式，多饲养于沟渠、水面附近，地面搭简易棚舍，内设产蛋窝（图5-9）。放牧饲养方式不适合规模化养

图5-3　地面发酵床，人工翻料

图5-4　网上饲养，卷帘式

图5-5 舍内网床饲养

图5-6 漏缝地板坚固耐用、成本高

图5-7 网床下面为发酵床

图5-8 网下发酵床翻料机在工作

殖，要注意饲养量，否则会对环境造成破坏和污染（图5-10）。产蛋鸭容易产窝外蛋，破损率较高（图5-11）。

图5-9 放牧饲养

图5-10 放牧饲养对水体污染严重

图5-11 放牧饲养产蛋零散，容易遗失或破损

（四）笼养

肉种鸭笼养目前多见于肉鸭育种场用于个体产蛋量的统计和番鸭生产。不能实行鸭人工授精的肉种鸭，一般采取公鸭与固定几只母鸭轮换交配的方式来授精（图5-12至图5-15）。

图5-12 北京鸭单圈饲养轮换交配

图5-13 公鸭单笼饲养

图5-14 产蛋母鸭笼养

图5-15 番鸭笼（带产蛋笼）

三、环境要求

（一）温度与湿度

鸭虽耐寒，也要为之创造保温条件，使其冬天舍内不低于0℃，夏天不高于25℃。种鸭对热应激非常敏感，环境温度越高，热应激的影响就越大。当环境温度超过25℃时，鸭喘气开始急促，代谢率迅速升高。研究表明，温度在29.4℃时，北京鸭的增重比18.3℃的对照组下降30％。可见高温对鸭生产性能有着严重的影响。南方地区要特别注意夏季降温，种鸭饲养圈舍一般配有洗浴池，水浴能帮助种鸭散热。条件好的鸭舍有湿帘降温系统，但温度太高时也要放水洗浴或进行淋浴。湿度则随自然。要保持舍内地面垫料干燥。当温度降到5℃时，要做好防寒工作；在温度升至32℃时，要做好防暑工作。

（二）光照

产蛋期要求每天光照达16～17小时，光照时间要固定，不要轻易改变，否则将影响鸭产蛋。从21周龄左右开始（或开产前1个月）逐渐延长光照，方法为每周在上一周的基础上增加30分钟光照时间，直到每天总光照时间达到17小时。每周补光时，早上开灯时间定在4时最好。光照强度为每平方米 鸭舍地面5瓦，灯高2米，宜加灯伞，灯安在铁管上，以防风吹动使种鸭惊群。灯的分布要均匀，经常擦灯泡。要自备发电设备以备停电时照明，否则鸭蛋破损率和脏污蛋将增加。在整个产蛋期，光照时间可以延长但不能缩短，以防止种鸭掉毛换羽、产蛋量下降。为利于种鸭产蛋和种蛋收集，一般在晚间正常光照结束后，给种鸭提供弱光照。

（三）通风换气

在不影响舍温的原则下，要尽量通风，排出舍内有害气体和水分，保证舍内空气新鲜和干燥。

（四）饲养密度

种鸭的饲养密度小于肉鸭，一般每平方米2～3只。如果有户外运动场，舍内饲养密度可以加大到3.5～4只。户外运动场的面积一般为舍内面积的2～2.5倍。另外，鸭群的规模也不宜过大。一般每群以240只为宜，其中公鸭40只、母鸭200只。

四、饲养管理要点

（一）产蛋箱设置

单个产蛋箱尺寸一般为深40厘米、宽30厘米、高40厘米，每个产蛋箱可供4只母鸭产蛋。可几个产蛋箱连在一起组成一列，也可根据舍内布置制作长产蛋箱。产蛋箱底部要铺干燥柔软的垫料，垫料每周至少更换两次，根据季节、气候以及具体情况添加垫料。没有产蛋箱时可用产蛋筐代替。蛋的清洁程度直接影响种蛋孵化率的高低。产蛋箱一般在开产前1个月摆放到鸭舍四周光线较暗的区域，排列要均匀且不可随意变换位置（图5-16至图5-20）。

图5-16 水泥板砌成的产蛋窝

图5-17 个体性能测定产蛋窝

图5-18 小群饲养产蛋箱

图5-19 个体产蛋箱

（二）喂料

根据不同品种鸭的开产日龄，一般在开产前2周开始改喂产蛋料，并逐渐增加饲喂量，一般在产第一个蛋时，喂料量比换料时增加15%。当产蛋率达到5%时，逐日增加饲喂量，直至自由采食。日采食量达250克左右，可分早上和下

图5-20　产蛋筐

午两次投喂。掌握喂料量的原则是食槽内余料不能过多，第一次喂料量以第二次喂料时食槽基本吃尽为准，第二次的喂料量以晚上关灯前食槽基本吃尽为准。产蛋鸭可以喂粉料也可以喂颗粒料。若喂粉料，在喂前用少量水把干粉料润潮。

（三）饮水

要常刷洗饲槽，常备清洁的饮水，水槽内水深必须没过鸭的鼻孔，以供鸭洗涤鼻孔。

（四）运动

运动分舍内、舍外两种。舍外运动又分水、陆两种形式。冬天在日光照满运动场时放鸭出舍，傍晚日光从运动场完全消失前收鸭入舍。为了把粪便排在舍外，在收鸭前应进行驱赶运动数分钟。每天驱赶运动40～50分钟，分6～8次进行。驱赶运动切忌速度过快。雨、雪天不放鸭出舍。夏天无雨夜可露宿于有足够灯光的运动场上，但鸭出入的小门要敞开，舍内开灯任鸭出入。白天下雨就收鸭入舍。应提防秋雨，一般秋雨对鸭影响大。每天5时半至6时早饲后，打开通往水上运动场的圈门，任鸭自由出舍或由运动场去水上运动场洗浴，并任鸭自由回舍。这样，不仅不会丢蛋于水中，反而会因运动充足能保持母鸭良好的食欲和消化机能，使母鸭产蛋正常。

（五）集蛋

及时将产蛋箱外的蛋收走，不要长时间留在箱外，被污染的蛋不宜

图5-21　蛋壳脏污影响种蛋质量

图5-22　给青年鸭带脚号

作种用。鸭习惯于凌晨3～4时产蛋，早晨应尽早收集种蛋，初产母鸭可在早上5时拣蛋。饲养管理正常，通常母鸭在早7时以前产完蛋，产蛋后期产蛋时间可能集中在6～8时。应根据不同的产蛋时间固定每天早晨收集种蛋的时间。迟产的蛋也应及时拣走。若迟产蛋数量超过总蛋数5％，则应检查饲养管理是否正常。要保持蛋壳清洁，蛋壳脏污的蛋不得与清洁蛋混集在一起，应单拣单放（图5-21）。炎热季节种蛋要放凉后再入库。种蛋必须当天入库。凡不合格的，不得入库。鸭蛋的破损率不得大于1.5％。

（六）标号

肉种鸭育种场为了记录谱系关系和生产性能，需要为种鸭佩戴脚号（图5-22）。

五、产蛋期性能监测及改善

（一）性能监测

1. **体重**　种鸭育成期需要限制饲喂，其体重和均匀度的控制水平与开产时间、产蛋高峰期维持、产蛋总量密切相关。除了在育成期控制好体重外，产蛋期也要随时注意种鸭体重的变化。一般在23周龄前对种鸭进行称重，以便进行喂料调整过渡。可根据公母鸭体重情况按照每只鸭每周增加5～10克的速度供料，以尽快提升产蛋率。

2. **产蛋性能**　群体记录时肉鸭开产以产蛋率达到5％的日龄开始计算。群体饲养每天记录产蛋总数，并每天记录存栏母鸭变动情况、日常管理要点等。如果产蛋率突然变动，要随时查看、分析原因。产蛋性能主要指标有产蛋数、产蛋率等。

3. 蛋品质 生产中在每天记录产蛋数的同时要统计蛋破损蛋、畸形蛋数量，并可测定蛋重。蛋重：个体记录群每只母鸭连续称3个以上的蛋重并求平均值，群体记录连续测定3天产蛋总重求平均值。种鸭生产中一般测定开产蛋重、高峰期蛋重。有条件的根据需要应测量蛋形指数（纵径/横径）、蛋壳强度、蛋壳厚度、蛋比重等蛋品质指标。

4. 受精率 种蛋受精率的高低反映了种鸭场饲养管理水平，对种鸭场的经济效益有较大的影响。影响受精率的因素有遗传、饲养管理、配种方式、种蛋保存方法等。受精率一般在孵化过程中便可统计出，如果受精率太低或变动较大，要根据实际情况寻找原因。

（二）性能提高措施

1. 提高产蛋量的措施

（1）从开始产蛋到产蛋达60%以前，这一时期供给种鸭蛋白质水平较高的全价配合饲料，并增加饲喂次数。白天喂3次，夜间10时再增喂1次，使产蛋尽快进入高峰。进入产蛋高峰期后，进一步增加饲料营养水平。

（2）给鸭提供能满足其生产的营养及稳定、安静、干净舒适的环境，以延长产蛋高峰期和使产蛋率缓慢下降。另外，产蛋中期要不断挑出不产蛋的鸭进行淘汰，包括弱鸭、残鸭和生殖器官发育不良的鸭。

（3）当鸭产蛋率下降到80%左右时，要特别注意防止应激。当产蛋率下降到60%以下后，先淘汰那些最先换毛的鸭。

（4）产蛋完毕后，一般上午10时以后关闭产蛋箱，下午5时后再开产蛋箱。

（5）严格按照作息程序规定的时间开关灯。

2. 提高种蛋质量的措施

于种鸭22周龄时在舍内安装好产蛋箱，最迟不得晚于24周龄；每4只母鸭配备一个产蛋箱；产蛋箱的位置要固定，不能随意变动；初产时，可在产蛋箱内设置一个"引蛋"；及时把舍内和运动场的窝外蛋拣走；随时保持产蛋箱内垫料新鲜、干燥、松软。

母鸭的产蛋时间一般在凌晨2～4时，冬季稍迟。应及时拣蛋，每天至少拣蛋3次，光照后1小时开始拣第一次，3～5小时后进行第二次拣蛋，第三次拣蛋在下午进行。用5%新洁尔灭洗蛋，并用毛刷轻轻刷掉蛋壳上的粪便等污物，但不能破坏壳胶膜（图5-23）。种蛋贮存在13～15℃的环境中，存放时种蛋小头向下。如存放时间较长，则须翻蛋。

图5-23　处理干净的鸭蛋

3. 提高受精率的措施　供给种鸭专用全价饲料，种鸭饲料如缺乏维生素和微量元素等营养物质时，会大大降低种蛋的受精率及孵化率，但微量元素超标也会导致受精率、孵化率下降；保持舍内场地干燥，光照管理稳定；饲养密度合理（2～3只/米^2）；选择体质健壮、体型符合品种特征的公鸭配种，在产蛋前应对公鸭的性反射强弱进行选择；在大群饲养条件下，公母配比为1.5～6；必须搞好场地环境卫生，否则会影响孵化率。

（三）种鸭的选择淘汰

母鸭年龄越大产蛋量和种蛋的合格率越低，受精率和孵化率越低。母鸭以第一个生物学产蛋年的产蛋量最高，第二年比第一年下降30%以上。母鸭一般产蛋9～10个月。进入产蛋末期，陆续出现停产换羽。此时，可逐渐淘汰出现换羽的种鸭，以节约饲料，提高种鸭的经济效益。种鸭淘汰方式有全群淘汰和逐渐淘汰两种。具体淘汰时间可根据当地对种蛋的需求情况、鸭苗价格、种蛋价格、饲料价格、种蛋的受精率和孵化率等因素来决定。

1. 全群淘汰　种鸭大约在70周龄左右可全群淘汰。这样，既便于管理，又可提高鸭舍的周转利用率，有利于鸭舍的彻底清洗消毒。

2. 逐渐淘汰 在产蛋10个月左右，根据羽毛脱换情况及生理状况进行选择淘汰。首先，淘汰那些换羽早、羽毛零乱、主翼羽的羽根已干枯、耻骨间隙在3指以下的母鸭，并淘汰腿部有伤残的和多余的公鸭；留下的种鸭产一段时间蛋后，按此法继续淘汰。

六、种鸭强制换羽

由于种鸭育成投资较大，一些种鸭养殖户便将种鸭使用期延长，由一个产蛋周期延长到两个产蛋周期。在两个产蛋周期之间，种鸭要进行换羽。种鸭自然换羽一般需要3～4个月，而且换羽时间参差不齐，换羽期内产蛋少、种蛋品质下降。为提高产蛋率，降低生产成本，生产上主要采取人工强制换羽。人工强制换羽即通过突然改变鸭的生活条件，造成应激，促使其羽毛脱落，从而加快换羽的进程，一般只需2个月左右。换羽后种鸭开产整齐，可提高产蛋率，降低饲养成本。

（一）人工强制换羽注意事项

人工强制换羽能够克服自然换羽的缺点，降低换羽鸭的饲养成本，提高产蛋率。强制换羽一般在鸭群产蛋率下降到50%以下时进行。但在许多情况下，应根据鸭群健康状况、产蛋率、市场种蛋供应情况、种蛋价格等确定具体换羽时间。换羽是否成功关系到下一产蛋周期的产蛋率水平。强制换羽应注意如下问题：①尽快将鸭群的产蛋率降低至零，实现尽快脱羽。②强制种鸭消耗尽体内积累的脂肪。③尽快使鸭群恢复产蛋。④在换羽过程中，尽量降低种鸭应激反应，防止死亡增加。

（二）人工强制换羽方法

在换羽前，将体弱的种鸭淘汰，挑选健康的种鸭进行换羽。停止人工光照刺激，光照时间由每日17小时缩短到自然光照时间或8小时以内。种鸭断料12～14天，不断饮水。种鸭体重降低约30%。

1. 脱羽 种鸭一般在断料14天后开始脱羽，先换小羽，后换大羽。为使大小羽同时脱换，缩短换羽期，可用人工方法将主翼羽、副翼羽和尾羽依次拔掉。拔羽必须在羽根干枯后进行，避免出血。

2. 种鸭体况恢复 在停料期结束后重新给料，建议恢复期第一天给料量约40克/只，以后逐渐增加，每天增加30克/只。强制换羽期的种鸭要严格限制饲料采食量，采食量最多为自由采食量的50%左右。限料时间大约持续8周。种鸭恢复期日粮建议使用育成期饲料，日粮蛋白质水平要求达到16%左右。在换羽期的第6周恢复正常光照，时间16小时，改喂产蛋期饲料。产蛋率达到50%后，种鸭开始自由采食，按照产蛋鸭进行饲养管理。

肉鸭

第六章　肉鸭日粮配制技术

营养与饲料是养鸭业的基础。集约化养鸭，饲料成本约占养殖总成本的60%左右。因此，了解鸭的营养需要特点和常用饲料特性，根据鸭的生理特点和生产目标配制日粮，对于提高养鸭生产水平和经济效益有着重要意义。

一、肉鸭的营养需要

鸭营养需要包括维持需要（用以维持其健康和正常生命活动）和生产需要（用于产蛋、产肉、长羽和肥肝等）。所需的主要营养物质包括能量、蛋白质、矿物质、维生素和水等。

（一）能量

能量是鸭一切生命活动的基础，鸭的呼吸、循环、消化、吸收、排泄、体温调控、运动、生长发育和产品生产等都需要能量。能量摄入超过机体需要时，多余部分会转化为脂肪，在体内储存。在一定的能量范围内，鸭可通过调节采食量来控制能量的摄入量。当日粮能量浓度提高时，鸭采食量降低；反之，当日粮能量浓度降低时，鸭的采食量提高。虽然鸭可通过这种方法来调节机体的能量摄入量，但日粮能量浓度不宜过高或过低。能量主要来源于饲料碳水化合物、脂肪和蛋白质。

碳水化合物是植物性饲料的主要组成部分，是鸭能量的最主要来源。碳水化合物分为无氮浸出物和粗纤维两大类。其中，无氮浸出物主要包括淀粉和糖，易被鸭消化利用，是主要的能量来源；粗纤维不仅是鸭的能量来源，而且可以起到填充消化道、刺激胃肠发育和蠕动等作用，对鸭体健康有着重要作用。国家饲料标准规定，0~8周龄鸭日粮中粗纤维含量应在6%以下。

脂肪在鸭体内有许多重要作用，在鸭日粮中添加脂肪，可提高鸭的生长速度，改善饲料的利用率和适口性，并减少饲料加工中的粉尘。

（二）蛋白质

蛋白质是生命存在的基础，是构成鸭体肌肉、血液、皮肤、羽毛、激素和抗体的基本成分。氨基酸是蛋白质组成的基本单位，蛋白质的营养价值取决于所含氨基酸的种类和比例。这些氨基酸可分为必需氨基酸和非必需氨基。必需氨基酸是维持鸭正常生理功能、产肉和繁殖所必需的，鸭体内不能合成，或合成速度与数量不能满足正常生理需要，必须由饲料中供给的氨基酸。鸭的必需氨基酸包括蛋氨酸、赖氨酸、色氨酸、苏氨酸、缬氨酸、亮氨酸、异亮氨酸、苯丙氨酸、组氨酸、精氨酸、甘氨酸、酪氨酸和胱氨酸等13种。非必需氨基酸是指鸭体内可以合成或由其他氨基酸转化而得到，不一定非从饲料中获得的氨基酸。

（三）矿物质

矿物质是鸭正常生长、繁殖和生产过程中不可缺少的营养物质。根据占鸭体重的百分比，可将矿物元素分为常量元素（占0.01%以上）和微量元素（占0.01%以下）。常量元素包括钙、磷、钠、氯、钾、镁、硫等，微量元素包括铁、铜、锌、锰、碘、钴、硒等。

1. 常量元素

（1）**钙和磷** 是鸭需要量最多的两种矿物质，约占矿物质总量的65%~70%，主要以磷酸盐、碳酸盐的形式存在于组织、器官、血液，尤其是骨骼和蛋壳。饲料中钙磷比例会影响鸭对钙磷的吸收利用，其中任何一种不足或过量均可影响另一种的吸收利用。对生长鸭而言，日粮钙与有效磷的比例以（1.5~2）：1较为适宜。此外，日粮中供给充足的维生素D，有利于钙磷吸收。

（2）**钠、氯、钾** 钠、氯主要存在与体液和软组织中。钠不仅能维持鸭体内酸碱平衡、保持细胞和血液间渗透压的平衡，调节水盐代谢，维持神经肌肉的正常兴奋性，还有促进鸭生长发育的作用。氯具有维持渗透压、促进食欲和帮助消化等作用。钾具有与钠类似的作用，与维持水分和渗透压的平衡有着密切关系，对红细胞和肌肉的生长发育有着特殊作用。鸭缺乏钠和氯将导致食欲减退、饲料利用率降低，有时可能出现啄羽等症状，严重时可导致死亡。钠和氯主要以食盐的形式补充。鸭对食盐较敏感，过量可引起中毒，添加量以0.25%～5%为宜。钾的需要量一般以占日粮0.2%～0.3%为宜。

（3）镁　鸭体内70%的镁分布于骨骼中，部分分布在软组织细胞中，少量存在于细胞外液。镁的主要功能是构成骨骼和牙齿，对体内酶起激活作用。鸭缺乏镁时生长缓慢、昏睡，尤其是在受惊吓时会出现短时的昏迷，有时可能出现震颤、肌肉痉挛等症状。

2. 微量元素

（1）铁　铁是血红蛋白、肌红蛋白和细胞色素及多种辅酶的成分，参与红细胞运送氧、释放氧、生物氧化供能等多种生理功能。铁缺乏时鸭的食欲下降、生长受阻，发生缺铁性贫血，血液中血红蛋白减少。

（2）铜　是酶的组成部分，参与体内血红蛋白合成及某些氧化酶的合成与激活，可促进血红蛋白吸收和血红蛋白的形成。铜缺乏时铁吸收率降低，可引起鸭贫血和生长迟缓。铜缺乏还可引起钙磷沉积下降，雏鸭出现骨质疏松症。

（3）锌　参与体内多种酶及辅酶因子的合成或功能调节，锌影响骨骼和羽毛生长，促进蛋白质合成，调节繁殖和免疫机能。锌缺乏时，雏鸭食欲减退，生长缓慢，跗关节肿大，羽毛生长不良，饲料利用率降低。

（4）锰　蛋白质、脂肪和碳水化合物代谢酶类的组成部分，参与骨骼形成和养分代谢调控。锰缺乏时鸭骨骼发育受阻，易患脱腱症，表现为骨骼畸形、关节肿大、腱脱落和长骨变粗。

（5）钴　是维生素B$_{12}$的组成成分。钴缺乏可引发维生素B$_{12}$缺乏症。

（6）碘　是甲状腺素的重要组成成分，并通过甲状腺素发挥其生理作用，对细胞的生物氧化、生长和繁殖以及神经系统的活动均有促进作用。碘缺乏时，鸭甲状腺肿大，甲状腺功能亢进，生长速度减慢，体重下降。

（7）硒　是谷胱甘肽过氧化物酶的成分，具有抗氧化功能和保护细胞膜等作用。缺硒时鸭出现贫血、水肿、肝坏死、肌萎缩、心肌与骨骼肌变性受损等。

（四）维生素

维生素是动物维持正常生理活动和生长、繁殖等所必需而需要量极少的一类低分子有机化合物。维生素可分为脂溶性维生素和水溶性维生素两大类。脂溶性维生素包括维生素A、维生素D、维生素E、维生素K，这类维生素与脂肪同时存在，如果条件不利于脂肪吸收，维生素的吸收也受到影响。脂溶性维生素可在体内储存，一般较长时间缺乏才会出现缺乏症。水溶性维生素包括B族维生素（维生素B_1、维生素B_2、维生素B_6、维生素B_{12}、泛酸、叶酸、胆碱、烟酸、生物素等）和维生素C。除维生素B_{12}外，其余的水溶性维生素几乎不能在体内储存。

1. 脂溶性维生素

（1）维生素A　参与维持正常视觉及对弱光的敏感性，保护呼吸、消化、泌尿系统和皮肤上皮的完整性，促进骨骼生长发育，提高免疫力。维生素A缺乏鸭易患夜盲症、干眼病、种鸭产蛋量下降、种蛋孵化率降低，免疫力下降。鱼肝油中含有丰富的维生素A，豆科牧草和青绿饲料含有较多维生素A前体物质——胡萝卜素。

（2）维生素D　有维生素D_2和维生素D_3两种形式，维生素D_3在鸭上的生物学效价是维生素D_2的50倍。由皮肤中的7-脱氢胆固醇经紫外线照射可转化而成维生素D_3。维生素D具有促进肠道钙、磷吸收，骨骼钙化等作用。雏鸭缺乏维生素D就会发生佝偻病，生长停滞和严重的腿疾。成年鸭则出现骨质疏松、骨骼变形、两腿无力等症状。

（3）维生素E　具有多种生理功能，包括抗氧化、维护生物膜完整性、保护生殖机能、提高免疫力和抗应激能力，并与神经、肌肉组织的代谢有关。维生素E缺乏鸭生长迟缓、肌肉萎缩、繁殖机能下降，种蛋受精率和孵化率下降等。所有谷类粮食都含有丰富的维生素E，特别是种子胚芽。绿色饲料和优质干草也是维生素E的很好来源，尤其是苜蓿中维生素E含量很丰富。

（4）维生素K　参与凝血活动，维生素K缺乏凝血时间延长。鸭缺乏维生素K时易发生内出血、皮下出现紫斑、外伤出血不止或凝血时间延长。青绿饲料、肝、蛋、鱼粉中含有较丰富的维生素K。

2. 水溶性维生素

（1）维生素B_1　作为辅酶参与碳水化合物代谢，抑制胆碱酯酶活性，减少乙酰胆碱水解，促进胃肠蠕动和腺体分泌。维生素B_1缺乏时，鸭表现腿、颈等发生痉挛，头向后弯曲呈"观星状"、瘫痪、卧地不起等症状。酵母是硫胺素最丰富的来源，谷物中含量也较高。

（2）**维生素B_2** 以辅基形式与特定酶蛋白结合形成多种黄素蛋白酶，进而参与碳水化合物、脂肪和蛋白质代谢，对机体内氧化、还原、细胞调节以及呼吸有重要作用。缺乏时鸭生长缓慢、食欲不振，严重时会导致鸭跗关节触地。

（3）**维生素B_6** 是氨基酸脱羧酶和转氨酶的辅酶成分，参与蛋白质的代谢。缺乏时鸭食欲不振，生长缓慢，羽毛粗糙，神经系统功能紊乱，繁殖机能降低。维生素B_6广泛分布于饲料中，酵母、肝、肌肉、乳清、谷物及其副产物和蔬菜都是维生素B_6的丰富来源。

（4）**维生素B_{12}** 参与核酸和蛋白质的合成，促进红细胞形成、发育和成熟维持，维持神经系统的完整。缺乏时鸭表现为生长迟缓、贫血等症状。肉骨粉、鱼粉、肝脏、肉粉等动物性饲料维生素B_{12}含量较丰富。

（5）**泛酸** 是辅酶A的组成成分，参与碳水化合物、脂肪和蛋白质代谢。缺乏时雏鸭生长缓慢，羽毛粗糙，出现皮炎、口痂和眼黏性分泌物等症状。动物性产品、酒糟、发酵液以及油饼类饲料烟酸含量丰富。

（6）**叶酸** 与维生素B_{12}共同参与核酸代谢和核蛋白的形成，能促进正常红细胞的生成，防止恶性贫血。雏鸭缺乏叶酸时生长迟缓，羽毛生长不良，出现贫血、骨短粗等症状。泛酸广泛分布于动植物体中，苜蓿干草、花生饼、糖蜜、酵母、米糠和小麦麸中含量丰富，谷物的种子及其副产物和其他饲料中含量也较多。

（7）**烟酸** 是化学性质最稳定的维生素。维生素B_5是辅酶Ⅰ和辅酶Ⅱ的组分。为体内脂肪、碳水化合物和蛋白质代谢所必需。缺乏时鸭食欲减退、羽毛松乱、生长迟缓，有时出现腿骨弯曲等症状。

（8）**胆碱** 参与卵磷脂和神经磷脂的形成，参与脂肪代谢，防止脂肪肝的形成。胆碱还作为神经递质乙酰胆碱的重要组成部分，参与神经信号传导。胆碱缺乏时，鸭脂肪代谢障碍，形成脂肪肝；胫骨粗短，关节变形出现溜腱症；生长迟缓，产蛋率下降，死亡率提高。

（9）**生物素** 参与蛋白质和脂肪代谢。缺乏时鸭易出现皮炎、骨骼畸形、运动失调、生长缓慢等症状。生物素广泛分布于动植物中，一般不易缺乏。

（10）维生素C　参与胶原蛋白的生物合成，影响骨骼和软组织的正常结构，具有解毒和抗氧化功能，能提高机体免疫力和抗应激能力。鸭体内可以合成，一般不缺乏。但当鸭处于高温、生理紧张等应激状态时，维生素C的需要量增加，适当添加有助于提高鸭对逆境的抵抗力。维生素C在青绿饲料和水果中含量较丰富。

（五）水

在动物生产中，水一般容易获得，因而容易被忽视。事实上水是一种重要的营养物质。水主要分布于体液、组织和器官中，其生理作用很复杂。水是鸭体的主要组成成分，是各种营养物质的溶剂和一切化学反应的介质，参与物质代谢、营养物质吸收、运输及废物排出，缓冲体液的突然变化，调节体温，润滑组织器官等。鸭体内水分来源于饮水、饲料水和代谢水，其中饮水是鸭获得水的最主要的途径。

二、肉鸭的常用饲料

鸭常用饲料包括能量饲料、蛋白质饲料、青绿饲料、矿物质饲料和添加剂等。

（一）能量饲料

能量饲料指干物质中粗纤维含量小于或等于18%、粗蛋白小于20%的饲料，主要包括禾谷类籽实、糠麸类、块根块茎类及油脂类。

1. 谷实类　基本上为禾本科植物成熟的种子，包括玉米、稻谷、大麦、小麦和高粱等。

（1）玉米　号称"能量之王"，其代谢能含量为13.5～14.04兆焦/千克，但玉米粗蛋白含量低（仅7.5%～8.7%），氨基酸不平衡，矿物质缺乏。根据颜色不同，玉米可分为黄玉米和白玉米，黄玉米含有叶黄素，有助于蛋黄和皮肤的着色。玉米在鸭饲料中可用到65%左右。

（2）稻谷　稻谷能值较低（代谢能约为11.89兆焦/千克），粗纤维含量较高（高达9%），粗蛋白含量为8%～10%。稻谷适口性差，适宜磨成粉状饲喂，用量可占鸭日粮的20%～30%。稻谷去壳后的糙米和制米筛分出的碎米是鸭良好的能量饲料来源，其对鸭的营养价值和玉米接近，用量可占日粮的30%～50%。

（3）小麦　代谢能值与玉米相近，约为13.31兆焦/千克。粗蛋白含量10%～12%，且氨基酸比其他谷实类完全，B族维生素丰富，易消化。小麦含有5%～8%的戊糖，可引起消化物黏稠度问题。通过限量使用和添加外源木聚糖酶有利于提高小麦的能量利用效率，其用量一般占鸭日粮的10%～30%。

（4）大麦　大麦有皮大麦和裸大麦之分。带皮大麦代谢能约为12.81兆焦/千克，低于玉米和小麦。大麦皮壳粗硬，难以消化，最好脱壳、破碎或发芽后饲喂。大麦发芽后可提高消化率、增加核黄素的含量，适于在配种季节饲喂。一般用量占鸭日粮的10%～20%。

（5）高粱　高粱的含能量和玉米接近，蛋白质含量高于玉米，因含鞣酸而带涩味，且对肠道有收敛作用，易引起便秘。高粱含钙少，饲喂时应与含钙多、且有轻泻作用的饲料如麦麸、青绿饲料等搭配，且要粉碎、水浸或发芽。用量可占鸭日粮的10%～15%。

2. 糠麸类

（1）麦麸　小麦麸是小麦加工成面粉时的副产品，其营养价值与出粉率有关。其价格低廉、营养丰富，含能量较低且富含B族维生素。因质量轻、单位质量容积大，有轻泻作用。高产鸭和肉鸭用量应不超过10%，停产鸭和后备鸭用量可适当增加。

（2）米糠　米糠是稻谷加工的副产物，其营养价值与出米率有关。米糠所含代谢能较低（约为玉米的一半），粗脂肪含量较高，易氧化酸败，不宜久存。米糠在鸭日粮中可占5%～10%，育成期可占10%～20%。

3. 块根、块茎和瓜类　常见的此类饲料包括马铃薯、甘薯、南瓜、胡萝卜等。马铃薯含碳水化合物丰富、适口性好，可以代替日粮中30%的谷实类。甘薯富含淀粉、粗纤维低，一般用量10%以下。南瓜适口性好、营养价值高，宜熟喂，用量可占日粮的50%～60%。胡萝卜含有丰富的胡萝卜素（维生素A前体），宜切碎后生喂，用量可占日粮的30%～50%。

4. 油脂类　油脂含能值极高，是优质的能量来源。根据来源可分为动物油脂（猪油、牛油、禽油等）和植物油脂（豆油、菜籽油、棕榈油等）两大类。添加油脂可提供必需脂肪酸，有利于促进脂溶性维生素的吸收，改善制粒效果，提高鸭的采食量并减轻热应激。在使用时，应注意防止脂肪的氧化酸败。在配制日粮时，油脂用量一般不宜超过5%。

（二）蛋白质饲料

蛋白质饲料指干物质中粗纤维含量在18%以下，粗蛋白含量在20%以上的饲料。按其来源，蛋白质饲料可分为植物性蛋白饲料、动物性蛋白饲料和单细胞蛋白饲料三大类。

1. **植物性蛋白饲料** 主要是豆科籽实和油料作物提油后的副产品，其中压榨提油后的块状副产品称为"饼"，浸出提油后的碎片状副产品称为"粕"。一般来讲，"饼"类残油量高于"粕"，因此其能值高于"粕"。鸭常用的植物性蛋白饲料包括豆粕（饼）、菜籽粕（饼）、花生粕（饼）和棉籽粕（饼）等。

（1）**大豆饼（粕）** 是大豆提油后的副产品，在所有饼（粕）类中品质最好，其蛋白质含量为40%～50%，赖氨酸含量高，与玉米配合使用效果好。但蛋氨酸含量偏低。生豆粕含有抗胰蛋白酶因子、血凝素和皂角素等抗营养因子，影响蛋白质的利用效率。热处理可破坏以上抗营养因子，国内一般多用3分钟110°C热处理，其用量可占鸭日粮的10%～20%。

（2）**菜籽饼（粕）** 是菜籽提油后的副产品，蛋白质含量较高，氨基酸组成较平衡，含硫氨基酸、赖氨酸含量丰富，精氨酸不足。菜籽粕（饼）含有硫代葡萄糖苷等抗营养因子，可降低饲料适口性，引发甲状腺肿大。用量一般为鸭日粮的5%～8%，且用前应经去毒处理。

（3）**棉籽饼（粕）** 是棉籽脱壳提油后的副产品，其粗蛋白含量在32%～37%，脱壳棉籽粕蛋白质含量可达40%，蛋氨酸和赖氨酸含量低，精氨酸含量高。棉籽粕（饼）含有棉酚等抗营养因子，食入过多对体组织和代谢有破坏作用，并损害动物繁殖机能。在鸭饲料中的用量一般不超过5%。

（4）**其他饼（粕）** 花生饼（粕）营养价值与大豆饼（粕）基本相同，但脂肪含量高、易变质、不宜久存，用量可占鸭日粮的10%～20%。芝麻饼粗蛋白质含量达40%以上，但具有苦涩味，用量不宜超过鸭日粮的5%，雏鸭应避免使用。葵花饼（粕）的营养价值取决于用于榨油的葵花子的脱壳程度。葵花子壳粗纤维含量较高，不脱壳葵花饼（粕）利用率较低。脱壳后的葵花饼（粕）蛋白质含量高达41%，与豆饼相当。

2. **动物性蛋白饲料**

（1）**鱼粉** 鱼粉是最好的蛋白质饲料之一，有进口和国产鱼粉两种。

进口鱼粉蛋白含量为60%～70%，赖氨酸和蛋氨酸含量丰富，钙磷含量丰富，且比例适宜。国产鱼粉质量差异较大，粗蛋白含量在30%～60%，盐分含量较高。由于鱼粉价格昂贵，用量受到限制，通常在鸭日粮中含量低于10%。

（2）肉骨粉　肉骨粉是以屠宰场副产品中除去可食用部分后的残骨、皮、脂肪、内脏、碎肉等为主要原料，经过熬油后再干燥粉碎而得的混合物。含磷量在4.4%以上的为肉骨粉，含磷量在4.4%以下的为肉粉。氨基酸消化利用率低。但肉骨粉中钙磷含量高、比例平衡，B族维生素含量高，维生素A、维生素D少。肉骨粉用量不宜超过鸭日粮的6%。

（3）血粉　血粉由动物鲜血经脱水加工而成，其蛋白质含量高，达80%～90%，赖氨酸、色氨酸、苏氨酸和组氨酸含量较高，蛋氨酸和异亮氨酸缺乏。血粉味苦、适口性差、消化率低，在鸭日粮中用量为5%以下。

（4）羽毛粉　禽类羽毛经蒸汽加压水解、干燥而成。粗蛋白含量可达83%以上，但品质差，赖氨酸、蛋氨酸和色氨酸含量低，胱氨酸含量高。羽毛粉适口性差，一般在鸭日粮用量不宜超过3%，

（5）蚕蛹　蚕蛹粗蛋白质含量为60%～68%，蛋氨酸、赖氨酸和核黄素含量较高。蚕蛹脂肪含量较高，易酸败变质，影响适口性和肉蛋品质，在鸭日粮的用量可占5%左右。

3. 单细胞蛋白饲料　主要包括一些微生物和单细胞藻类，如各种酵母、蓝藻、小球藻类等。目前应用较多是饲料酵母，其粗蛋白质含量为40%～50%，赖氨酸含量偏低，B族维生素含量丰富。酵母带苦味，在鸭日粮中的用量一般不超过5%。

（三）青绿饲料

青绿饲料水分含量高（达70%～95%），能量和蛋白质含量低，维生素（特别是B族维生素和胡萝卜素）和矿物质含量丰富，含有促生长未知因子，且适口性较好。新鲜青绿饲料含有多种酶、有机酸，可调节鸭胃肠道pH，促进消化，提高消化利用率。

常用的青绿饲料有苜蓿、三叶草、黑麦草、墨西哥玉米、苦荬菜、菊苣、籽粒苋、甘薯藤、牛皮菜、胡萝卜等（图6-1至图6-3）。青绿饲料饲喂前应予以适当加工，如清洗、切碎、打浆或蒸煮等。青绿饲料使用时，避免长时间堆放或焖煮，以避免亚硝酸盐中毒。用含有氰苷的饲料

图6-1 紫花苜蓿

（如高粱苗、玉米苗、三叶草等）饲喂鸭时，必须限量，喂前需经水浸泡、煮沸或发酵，以减少毒素。

（四）矿物质饲料

1. **食盐** 食盐的化学成分为氯化钠，能同时补充氯和钠，是鸭必需的矿物质饲料。食盐具有增进食欲、促进消化、维持机体细胞的正常渗透压等作用。在鸭日粮中的添

图6-2 黑麦草

图6-3 菊 苣

加量一般为0.25%～0.5%。

2. **钙、磷饲料**

（1）**钙源饲料** 常见的钙源饲料有石灰石粉、贝壳粉和蛋壳粉，另外还有工业碳酸钙、磷酸钙等。

（2）**石灰石粉** 又称石粉，是目前应用最广泛的钙源饲料，其基本成分为碳酸钙，含钙量不低于35%。鸭日粮石粉用量一般控制在0.5%～3%。

（3）**贝壳粉** 由软体动物外壳加工而成，主要成分为碳酸钙，钙含量34%～38%。

（4）**蛋壳粉** 由蛋壳加工而成，钙含量30%～37%。

（5）**磷源饲料** 常见的磷源饲料有骨粉、磷酸氢钙和磷酸二氢钙等。

（6）**骨粉** 骨粉基本成分是磷酸钙，钙磷比为2：1。骨粉中钙含量为30%～35%，磷含量为13%～15%。骨粉在鸭日粮中的用量一般为

$1\% \sim 2\%$。

（7）磷酸氢钙和磷酸二氢钙　是最常用的钙磷补充饲料。磷酸氢钙（无水）钙含量为29.6％，磷含量为22.7％；磷酸二氢钙钙含量为15.9％，磷含量为24.5％。

3. 微量元素矿物质饲料　见表6-1。

（1）含铁饲料　硫酸亚铁是饲料工业中应用最广泛的铁源，有七水硫酸亚铁和一水硫酸亚铁两种。此外常用的铁源还包括氯化铁、氯化亚铁、甘氨酸亚铁等。

（2）含铜饲料　最常用的含铜饲料是硫酸铜，此外还有碳酸铜、氯化铜和氧化铜等。

（3）含锰饲料　最常用的含锰饲料是硫酸锰，此外还有氧化锰、氯化锰等。

（4）含锌饲料　常用的有硫酸锌、氧化锌、碳酸锌、葡萄糖酸锌、蛋氨酸锌等。目前最常用的是硫酸锌。

（5）含钴饲料　常用的有硫酸钴、碳酸钴和氧化钴。

（6）含碘饲料　常用的含碘饲料有碘化钾、碘化钠、碘酸钠、碘酸和碘酸钙。最常用是碘化钾。

（7）含硒饲料　常用的有亚硒酸钠、硒酸钠和酵母硒等。硒具有毒性，一般使用预混剂，配料时应注意混合均匀度和添加量。

表6-1　常用微量元素矿物质饲料中微量元素含量

元素	饲　　料	微量元素含量（％）
铁	七水硫酸亚铁	20.1
	一水硫酸亚铁	32.9
铜	五水硫酸铜	25.5
	一水水硫酸铜	35.8
锰	五水硫酸锰	22.8
	一水硫酸锰	32.5
锌	七水硫酸锌	22.75
	一水硫酸锌	36.45
	氧化锌	80.3
硒	亚硒酸钠	45.6
	硒酸钠	41.77

（续）

元素	饲　　料	微量元素含量（%）
碘	碘化钾	76.45
	碘化钙	65.1

（五）饲料添加剂

添加剂是指添加到饲粮中能保护饲料中的营养物质、促进营养物质的消化吸收、调节机体代谢、增进动物健康，从而改善营养物质的利用效率、提高动物生产水平、改进动物产品品质的物质的总称。添加剂可分为营养性添加剂和非营养性添加剂。

1. 营养性添加剂　营养性添加剂包括氨基酸添加剂、维生素添加剂和微量元素添加剂，主要用于平衡日粮成分，以增强和补充日粮营养。

（1）氨基酸添加剂　在饲料中使用氨基酸添加剂的目的是弥补饲料配方中氨基酸含量的不足。目前，市场上各种氨基酸单体均有出售。其中，蛋氨酸和赖氨酸最易缺乏，因而在生产上应用最广泛。最常用的赖氨酸是赖氨酸含量为78%的L-赖氨酸盐酸盐，该产品为白色结晶，纯度为98%。常用的蛋氨酸添加剂为DL-蛋氨酸，其最低纯度为98%。此外，还有一种蛋氨酸羟基类似物，常为钙盐形式，但其生物学活性只有蛋氨酸的80%。

（2）维生素添加剂　维生素添加剂通常指工业合成或提纯的维生素制剂，不包括维生素含量丰富的饲料。常用的维生素添加剂包括动物生产所需的十余种维生素单体。不同制剂形式的维生素添加剂的有效含量和生物学效价存在差异，因此，在配制维生素预混料时应充分了解维生素的制剂形式和规格。鸭处于逆境时，如高温、运输、转群、注射疫苗、断喙时对该类添加剂需要量加大。

2. 非营养性饲料添加剂　非营养性添加剂不提供鸭必需的营养物质，但添加到饲料中可以产生良好的效果，有的可以预防疾病、促进食欲，有的可以提高产品质量和延长饲料的保质期限等。常用的有抗生素添加剂（硫酸黏杆菌素、恩拉霉素、黄霉素等）、抗氧化添加剂（二丁基羟基甲苯、丁羟基茴香醚、乙氧基喹啉等）、防霉剂（山梨酸钠、丙酸钙托等）、酶制剂（淀粉酶、木聚糖酶、纤维素酶、植酸酶等）、酸化剂（柠檬酸、富马酸、苯甲酸等）、益生素（乳酸杆菌、芽孢杆菌、双歧杆菌和酵母等）、益生元（大豆寡糖、纤维寡糖）等。

添加剂种类很多，应根据鸭不同生长发育阶段、不同生产目的、饲料组成、饲养水平与饲养方式及环境条件灵活选用。注意，添加剂应与载体或稀释剂配合制成预混料再添加到饲粮中。

三、肉鸭饲养标准及日粮配合

（一）肉鸭饲养标准

为了合理地饲养鸭，既要满足其营养需要，充分发挥它们的生产性能，又要降低饲料消耗，获得最大的经济效益，必须科学地对不同品种、不同用途、不同日龄鸭的营养物质需要量规定一个标准，这个标准就是饲养标准。饲养标准是根据科学试验和生产实践经验的总结制定的，因此，具有普遍指导意义。但在生产实践中不应把饲养标准看做一成不变的规定。因为鸭的营养需要受品种、遗传基础、年龄、性别、生理状态、生产水平和环境条件等诸多因素的影响，所以在饲养实践中应把饲养标准作为指南来参考，因地制宜，灵活运用。

鸭的饲养标准中主要包括能量、蛋白质、必需氨基酸、矿物质和维生素等多项指标。每项营养指标都有其特殊的营养作用，缺少、不足或过量均可能对鸭产生不良影响。我国于2012年实施颁布了我国第一个肉鸭饲养标准，该标准较为先进、实用性强。下面列出了该标准中商品代鸭（表6-2）、种鸭（表6-3）和番鸭（表6-4）的营养需要量，供参考使用。

表6-2　商品代北京鸭营养需要量

营养指标	育雏期 1～2周龄	生长期 3～5周龄	育肥期6～7周龄	
			自由采食	填饲
鸭表观代谢能（兆焦/千克）	12.14	12.14	12.35	12.56
鸭表观代谢能（千卡/千克）	2 900	2 900	2 950	3 000
粗蛋白质（%）	20.0	17.5	16.0	14.5
钙（%）	0.90	0.85	0.80	0.80
总磷（%）	0.65	0.60	0.55	0.55
非植酸磷（%）	0.42	0.40	0.35	0.35

（续）

营养指标	育雏期 1～2周龄	生长期 3～5周龄	育肥期6～7周龄	
			自由采食	填饲
钠（%）	0.15	0.15	0.15	0.15
氯（%）	0.12	0.12	0.12	0.12
赖氨酸（%）	1.10	0.85	0.65	0.60
蛋氨酸（%）	0.45	0.40	0.35	0.30
蛋氨酸＋胱氨酸（%）	0.80	0.70	0.60	0.55
苏氨酸（%）	0.75	0.60	0.55	0.50
色氨酸（%）	0.22	0.19	0.16	0.15
精氨酸（%）	0.95	0.85	0.70	0.70
异亮氨酸（%）	0.72	0.57	0.45	0.42
维生素A（国际单位/千克）	4 000	3 000	2 500	2 500
维生素D_3（国际单位/千克）	2 000	2 000	2 000	2 000
维生素E（国际单位/千克）	20	20	10	10
维生素K_3（毫克/千克）	2.0	2.0	2.0	2.0
维生素B_1（毫克/千克）	2.0	1.5	1.5	1.5
维生素B_2（毫克/千克）	10	10	10	10
烟酸（毫克/千克）	50	50	50	50
泛酸（毫克/千克）	20	10	10	10
维生素B_6（毫克/千克）	4.0	3.0	3.0	3.0
维生素B_{12}（毫克/千克）	0.02	0.02	0.02	0.02
生物素（毫克/千克）	0.15	0.15	0.15	0.15
叶酸（毫克/千克）	1.0	1.0	1.0	1.0
胆碱（毫克/千克）	1 000	1 000	1 000	1 000
铜（毫克/千克）	8.0	8.0	8.0	8.0
铁（毫克/千克）	60	60	60	60
锰（毫克/千克）	100	100	100	100
锌（毫克/千克）	60	60	60	60
硒（毫克/千克）	0.30	0.30	0.20	0.20

（续）

营养指标	育雏期 1～2周龄	生长期 3～5周龄	育肥期6～7周龄	
			自由采食	填饲
碘（毫克/千克）	0.40	0.40	0.30	0.30

注：营养需要量数据以饲料干物质含量87%计。

表6-3　北京鸭种鸭营养需要量

营养指标	育雏期 1～3周龄	育成前期 4～8周龄	育成后期 9～22周龄	产蛋前期 23～26周龄	产蛋前期 27～45周龄	产蛋前期 46～70周龄
鸭表观代谢能（兆焦/千克）	11.93	11.93	11.30	11.72	11.51	11.30
鸭表观代谢能（千卡/千克）	2 850	2 850	2 700	2 800	2 750	2 700
粗蛋白质（%）	20.0	17.5	15.0	18.0	19.0	20.0
钙（%）	0.90	0.85	0.80	2.00	3.10	3.10
总磷（%）	0.65	0.60	0.55	0.60	0.60	0.60
非植酸磷（%）	0.40	0.38	0.35	0.38	0.38	0.38
钠（%）	0.15	0.15	0.15	0.15	0.15	0.15
氯（%）	0.12	0.12	0.12	0.12	0.12	0.12
赖氨酸（%）	1.05	0.85	0.65	0.80	0.95	1.00
蛋氨酸（%）	0.45	0.40	0.35	0.40	0.45	0.45
蛋氨酸+胱氨酸（%）	0.80	0.70	0.60	0.70	0.75	0.75
苏氨酸（%）	0.75	0.60	0.50	0.60	0.65	0.70
色氨酸（%）	0.22	0.18	0.16	0.20	0.20	0.22
精氨酸（%）	0.95	0.80	0.70	0.90	0.90	0.95
异亮氨酸（%）	0.72	0.55	0.45	0.57	0.68	0.72
维生素A(国际单位/千克)	6 000	3 000	3 000	8 000	8 000	8 000
维生素D_3(国际单位/千克)	2 000	2 000	2 000	3 000	3 000	3 000
维生素E(国际单位/千克)	20	20	10	30	30	40
维生素K_3（毫克/千克）	2.0	1.5	1.5	2.5	2.5	2.5
维生素B_1（毫克/千克）	2.0	1.5	1.5	2.0	2.0	2.0
维生素B_2（毫克/千克）	10	10	10	15	15	15

（续）

营养指标	育雏期 1～3周龄	育成前期 4～8周龄	育成后期 9～22周龄	产蛋前期 23～26周龄	产蛋前期 27～45周龄	产蛋前期 46～70周龄
烟　酸（毫克/千克）	50	50	50	50	60	60
泛　酸（毫克/千克）	10	10	10	20	20	20
维生素 B_6（毫克/千克）	4.0	3.0	3.0	4.0	4.0	4.0
维生素 B_{12}（毫克/千克）	0.02	0.01	0.01	0.02		0.02
生物素（毫克/千克）	0.20	0.10	0.10	0.20	0.20	0.20
叶　酸（毫克/千克）	1.0	1.0	1.0	1.0	1.0	1.0
胆　碱（毫克/千克）	1 000	1 000	1 000	1 500	1 500	1 500
铜（毫克/千克）	8.0	8.0	8.0	8.0	8.0	8.0
铁（毫克/千克）	60	60	60	60	60	60
锰（毫克/千克）	80	80	80	100	100	100
锌（毫克/千克）	60	60	60	60	60	60
硒（毫克/千克）	0.20	0.20	0.20	0.30	0.30	0.30
碘（毫克/千克）	0.40	0.30	0.30	0.40	0.40	0.40

注：营养需要量数据以饲料干物质含量87%计。

表6-4　番鸭营养需要量

营养指标	育雏期 1～3周龄	生长期 4～8周龄	育肥期 9周龄至上市	种鸭育成期 9～26周龄	种鸭产蛋期 27～65周龄
鸭表观代谢能（兆焦/千克）	12.14	11.93	11.93	11.30	11.30
鸭表观代谢能（千卡/千克）	2 900	2 850	2 850	2 700	2 700
粗蛋白质（%）	20.0	17.5	15.0	14.5	18.0
钙（%）	0.90	0.85	0.80	0.80	3.30
总磷（%）	0.65	0.60	0.55	0.55	0.60
非植酸磷（%）	0.42	0.38	0.35	0.35	0.38
钠（%）	0.15	0.15	0.15	0.15	0.15
氯（%）	0.12	0.12	0.12	0.12	0.12
赖氨酸（%）	1.05	0.80	0.65	0.60	0.80
蛋氨酸（%）	0.45	0.40	0.35	0.30	0.40

（续）

营养指标	育雏期 1～3 周龄	生长期 4～8 周龄	育肥期 9 周龄至上市	种鸭育成期 9～26 周龄	种鸭产蛋期 27～65 周龄
蛋氨酸+胱氨酸（%）	0.80	0.75	0.60	0.55	0.72
苏氨酸（%）	0.75	0.60	0.45	0.45	0.60
色氨酸（%）	0.20	0.18	0.16	0.16	0.18
精氨酸（%）	0.70	0.55	0.50	0.42	0.68
异亮氨酸（%）	0.90	0.80	0.65	0.65	0.80
维生素 A（国际单位/千克）	4 000	3 000	2 500	3 000	8 000
维生素 D_3（国际单位/千克）	2 000	2 000	1 000	1 000	3 000
维生素 E（国际单位/千克）	20	10	10	10	30
维生素 K_3（毫克/千克）	2.0	2.0	2.0	2.0	2.5
维生素 B_1（毫克/千克）	2.0	1.5	1.5	1.5	2.0
维生素 B_2（毫克/千克）	12.0	8.0	8.0	8.0	15.0
烟　酸（毫克/千克）	50	30	30	30	50
泛　酸（毫克/千克）	10	10	10	10	20
维生素 B_6（毫克/千克）	3.0	3.0	3.0	3.0	4.0
维生素 B_{12}（毫克/千克）	0.02	0.02	0.02	0.02	0.02
生物素（毫克/千克）	0.20	0.10	0.10	0.10	0.20
叶酸（毫克/千克）	1.0	1.0	1.0	1.0	1.0
胆碱（毫克/千克）	1 000	1 000	1 000	1 000	1 500
铜（毫克/千克）	8.0	8.0	8.0	8.0	8.0
铁（毫克/千克）	60	60	60	60	60
锰（毫克/千克）	100	80	80	80	100
锌（毫克/千克）	60	40	40	40	60
硒（毫克/千克）	0.20	0.20	0.20	0.20	0.30
碘（毫克/千克）	0.40	0.40	0.30	0.30	0.40

注：营养需要量数据以饲料干物质含量 87% 计。

（二）日粮配合原则

1. 选用合理的饲养标准　首先应根据鸭的品种类型、生理阶段、饲养方式、生产目标等，选用相应的饲养标准作为确定饲料配方营养含量的依据。配制配合饲料时应首先保障能量、蛋白质及限制性氨基酸、钙、有效磷、地区性缺乏的微量元素与重要维生素的供给量，并根据季节特点、饲养管理方式等条件变化，对饲养标准做适当的增减调整。

2. **选择恰当的饲料原料**　配合日粮时，饲料原料的选择既要满足鸭的需求，又要与鸭的消化生理特点相适应，包括饲料的适口性、容重、粗纤维含量等。同时，要保证饲料的安全卫生，不选用霉败变质的饲料。对于含有抗营养因子的饲料原料，应予以恰当处理并限量使用。另外，要考虑原料的成本，尽量选用来源广泛、价格低廉的饲料原料。

3. **配料时必须掌握的参数**　配合日粮前应了解：①相应的营养需要量（饲养标准）；②所用饲料的营养价值含量（饲料成分及营养价值表）；③饲用原料的价格；④各种饲料在鸭不同生长阶段配合饲料中的大致配比。表6-5列出了鸭日粮中常用饲料的大致配比范围。

表6-5　鸭日粮中各类饲料的大致配比

饲料种类	大致比例（%）
谷实饲料（玉米的比例可高些，大麦、稻谷的比例可低些）	40～60
植物性蛋白质饲料（豆饼、菜籽饼等，菜籽饼比例应控制在8%以下）	15～25
动物性蛋白质饲料（鱼粉、肉骨粉、蚕蛹干粉等）	3～10
糠麸类饲料	5～15
无机盐饲料（食盐、石粉、骨粉等）	2～6
微量元素、维生素添加剂（按说明书添加）	0.1～0.5
干草粉	2～5

（三）日粮配合方法

日粮配方设计方法包括计算机配方法和手工配方法两种。计算机配方法即利用计算机来设计全价、低成本的饲料配方，这方面有专门的相关软件，技术成熟，简单易学，在此不做详细论述。

手工配方法有试差法、联立方程法和十字交叉法等。其中试差法是目前较普遍采用的方法，又称为凑数法。具体做法是：首先根据饲养标准的规定初步拟出各种饲料原料的大致比例，然后用各自的比例去乘该原料所含的各种营养成分的百分含量，再将各种原料的同种营养成分之积相加，即得到该配方中每种营养成分的总量。将所得结果与饲养标准进行对照，若有任一种营养成分超过或者不足时，可通过增加或减少相应的原料比例进行调整和重新计算，直至所有的营养指标都基本满足要求为止。

现举例如下。

【示例】选择玉米、麦麸、豆粕、鱼粉、蛋氨酸、碳酸钙、磷酸氢钙、食盐、添加剂预混料设计1～14日龄鸭的日粮配方。

第一步：根据饲养标准和生产经验确定1～14日龄鸭各项营养指标含量（表6-6），并列出所用饲料的营养成分（表6-7）。

表6-6　1-21日龄鸭饲养标准

代谢能（兆焦／千克）	粗蛋白（%）	钙（%）	总磷（%）	赖氨酸（%）	蛋氨酸（%）
12.13	20.00	0.90	0.65	1.10	0.45

表6-7　各种饲料的营养成分

原料	代谢能（兆焦／千克）	粗蛋白（%）	钙（%）	总磷（%）	赖氨酸（%）	蛋氨酸（%）
玉米	13.47	7.94	0.02	0.27	0.24	0.16
豆粕	11.00	43.00	0.33	0.62	2.54	0.59
麦麸	6.99	14.3	0.10	0.93	0.53	0.12
鱼粉	13.82	62.5	3.96	3.05	5.12	1.66

第二步：初步确定各种原料的用量比例，并计算试配后饲料营养指标的含量（表6-8）。结果发现配方中代谢能、粗蛋白、钙、赖氨酸等指标含量差异较大，需进一步优化。

第三步：试配的配方中能量与粗蛋白等含量均不足，因此应提高并调整玉米和豆粕等的用量。反复优化调整，直至配方符合饲养标准（表6-9）。

表6-8 试配结果

原料	用量 (%)	代谢能 (兆焦／千克)	粗蛋白 (%)	钙 (%)	总磷 (%)	赖氨酸 (%)	蛋氨酸 (%)
玉米	55.00	=13.47×55.00	=7.94×55.00	=0.02×55.00	=0.27×55.00	=0.24×55.00	=0.16×55.00
豆粕	25.00	=11.00×25.00	=43.00×25.00	=0.33×25.00	=0.62×25.00	=2.54×25.00	=0.59×25.00
麦麸	5.00	=6.99×5.00	=14.3×5.00	=0.10×5.00	=0.93×5.00	=0.53×5.00	=0.12×5.00
鱼粉	5.00	=13.82×5.00	=62.5×5.00	=3.96×5.00	=3.05×5.00	=5.12×5.00	=1.66×5.00
DL-蛋氨酸	0.11						=99×0.11
石粉	1.22			=35.80×1.22			
磷酸氢钙	0.70			=23.29×0.70	=18.00×0.70		
食盐	0.30						
预混料	0.50						
合计	92.83	11.20	18.91	0.90	0.63	1.05	0.43
标准		12.13	20.00	0.90	0.65	1.10	0.45
与标准的差		-0.93	-1.04	0.00	-0.02	-0.05	-0.02

表6-9　配方优化结果

原料	用量（%）	代谢能（兆焦/千克）	粗蛋白（%）	钙（%）	总磷（%）	赖氨酸（%）	蛋氨酸（%）
玉米	60.91	=13.47×60.91	=7.94×60.91	=0.02×60.91	=0.27×60.91	=0.24×60.91	=0.16×60.91
豆粕	26.36	=11.00×26.36	=43.00×26.36	=0.33×26.36	=0.62×26.36	=2.54×26.36	=0.59×26.36
麦麸	4.90	=6.99×4.90	=14.3×4.90	=0.10×4.90	=0.93×4.90	=0.53×4.90	=0.12×4.90
鱼粉	5.00	=13.82×5.00	=62.5×5.00	=3.96×5.00	=3.05×5.00	=5.12×5.00	=1.66×5.00
石粉	1.22			=35.80×1.22			
DL-蛋氨酸	0.11						=99×0.11
磷酸氢钙	0.70			=23.29×0.70	=18.00×0.70		
食盐	0.30						
预混料	0.50						
合计	100.00	12.13	20.00	0.90	0.65	1.10	0.45
标准		12.13	20.00	0.90	0.65	1.10	0.45
与标准的差		0.00	0.00	0.00	0.00	0.00	0.00

第七章 肉鸭主要疫病防治技术

一、鸭场卫生防疫制度

良好的饲养管理措施和严格的卫生防疫制度是肉鸭生产正常进行的基本保证，这就要求建立严格规范的防疫措施并要求每位饲养管理人员遵守，防疫和饲养管理做到位，杜绝疾病发生，才能使鸭发挥高生产性能，取得更好的经济效益。

（一）场区出入消毒

（1）鸭场门口应设立车辆及人员消毒设施，场区应只设一道出入门，以控制进出鸭场的人员和车辆（图7-1、图7-2）。

图7-1 场区门口消毒池

图7-2 生产区消毒通道

（2）每栋鸭舍门口应设置消毒池或消毒盘（盆），进入鸭舍前必须进行手、脚消毒，注意定期更换消毒水（图7-3、图7-4）。

图7-3　鸭舍门口消毒池

图7-4　入鸭舍前洗手消毒

（3）进入鸭舍的物品、器具必须进行消毒。

（二）定期清扫消毒

每天清扫鸭舍内外卫生，对使用的工具、水槽等进行清洗，定期对鸭舍内外环境进行喷雾消毒，保持鸭场的卫生清洁。

（三）制定合理的免疫程序

根据当地疫病流行情况并结合本场实际，制定合理的免疫程序，同时做好免疫监测工作并严格执行，重视疫苗的质量、保存和正确使用。

（四）饲料、饮水卫生

（1）做好饲料的存放工作，不喂霉变、久存及被污染的饲料。
（2）饮用水必须清洁卫生、无污染，符合卫生标准。

（五）全进全出制度

每批鸭尽量少挪动位置，实行全进全出制度，一批鸭出栏后，对鸭舍内外及用具进行彻底清洗、消毒，空栏10～15天后备用。

二、肉鸭参考免疫程序

肉鸭参考免疫程序见表7-1、表7-2。

表7-1 商品肉鸭参考免疫程序

日龄	免疫接种	剂量	用法
1	鸭病毒性肝炎高免卵黄液	0.8毫升/羽	颈部皮下注射
5	鸭传染性浆膜炎+大肠杆菌病二联苗	0.5毫升/羽	颈部皮下注射
9	禽流感（H5）油乳苗疫苗	0.5毫升/羽	翼下肌内注射（左边）或颈部上1/3皮下处
21	鸭瘟弱毒疫苗	1头份/羽	翼下肌内注射（右边）

表7-2 种鸭参考免疫程序

时间	预防疾病	疫苗及剂量	免疫方法及要求
3日龄	鸭病毒性肝炎	鸭肝弱毒苗1羽份	生理盐水稀释，0.3毫升/只，颈部皮下注射
10日龄	鸭瘟	鸭瘟弱毒苗1.5羽份	生理盐水稀释，0.5毫升/只，颈部皮下注射
15日龄	禽流感	禽流感油苗	颈部皮下注射，0.5毫升/只
21日龄	鸭传染性浆膜炎大肠杆菌病	鸭传染性浆膜炎-大肠杆菌病蜂胶二联苗	颈部皮下注射，0.5毫升/只
5周龄	鸭传染性浆膜炎大肠杆菌病	鸭传染性浆膜炎-大肠杆菌病蜂胶二联苗	颈部皮下注射，0.5毫升/只
7～8周龄	禽流感	禽流感油苗	颈部皮下注射，0.5毫升/只
10周龄	鸭瘟	鸭瘟弱毒苗2羽份	生理盐水稀释，0.5毫升/只，颈部皮下注射
17周龄	鸭瘟	鸭瘟弱毒苗2羽份	生理盐水稀释，0.5毫升/只，颈部皮下注射
19周龄	巴氏杆菌病	巴氏杆菌病油苗	0.8毫升/只，颈部皮下注射
20周龄	鸭病毒性肝炎	油苗0.8毫升/只+活苗3头份	活苗生理盐水稀释，1毫升/只，颈部皮下注射

（续）

时间	预防疾病	疫苗及剂量	免疫方法及要求
21周龄	禽流感	禽流感油苗	颈部皮下注射，0.8毫升/只
22周龄	减蛋综合征	减蛋综合征油苗	颈部皮下注射，0.8毫升/只
45周龄	禽流感	禽流感油苗	颈部皮下注射，0.8毫升/只
47周龄	鸭病毒性肝炎	鸭病毒性肝炎弱毒苗3～5羽份	生理盐水稀释，1毫升/只，颈部皮下注射
48周龄	鸭瘟	鸭瘟弱毒苗2～3羽份	生理盐水稀释，1毫升/只，颈部皮下注射
换羽前1周	鸭瘟	鸭瘟弱毒苗2～3羽份	生理盐水稀释，1毫升/只，颈部皮下注射
换羽后1周	鸭病毒性肝炎	鸭病毒性肝炎弱毒苗3～5羽份	生理盐水稀释，1毫升/只，颈部皮下注射
换羽后2周	禽流感	禽流感油苗	颈部皮下注射，0.8毫升/只

三、鸭常见疾病防治

（一）鸭瘟

1. 流行特点　由疱疹病毒引起，是鸭、鹅、天鹅、雁等一种急性、热性、败血性、高度致死性的传染病。该病流行广泛，传播迅速，发病率、死亡率高。主要传染源是病鸭、带毒鸭以及带毒禽类，消化道是主要传染途径。鸭感染后3～7天出现零星病鸭，再经3～5天陆续出现大批病鸭，疾病进入流行发展期和流行盛期。鸭群整个流行过程一般为2～6周。任何品种、年龄、季节都可能感染，以20日龄之后的鸭最易感染。

图7-5　眼睑粘连

2. 临床症状　潜伏期2～4天，病鸭体温急剧升高到43℃以上，表现精神不佳，头颈缩起，食欲减少或停食，但想喝水，喜卧不愿走动。病鸭不愿游水，流泪，甚至有脓性分泌物将眼睑粘连（图7-5）。

鼻腔有脓性分泌物，部分鸭头颈部肿大（图7-6），俗称"大头瘟"。病鸭下痢，呈绿色或灰白色稀粪。

3. 剖检病变 剖检可见一般败血病的病理变化，皮肤黏膜和浆膜出血，头颈皮下胶样浸润，口腔黏膜，特别是舌根、咽部、上腭黏膜、食管表面有淡黄色的假膜覆盖（图7-7），刮落后露出鲜红色出

图7-6　病鸭头部肿大

血性溃疡（图7-8）。最典型的是食管黏膜纵行固膜条斑和小出血点（图7-9），肠黏膜出血、充血，以十二指肠和直肠最为严重；泄殖腔黏膜出血、结痂（图7-10）；产蛋鸭卵泡增大，充血和出血（图7-11）；肝有小点出血和坏死（图7-12）；胆囊肿大，充满浓稠墨绿色胆汁；有些病例脾有坏死点；肾肿大、有小点出血；胸、腹腔黏膜均有黄色胶样浸润液。

图7-7　食管假膜

图7-8　食管溃疡结痂

图7-9　食管出血

图7-10　泄殖腔出血

图7-11　产蛋母鸭卵巢病变

图7-12　肝出血和坏死

4. 防治措施

（1）**预防**　严格引种，严禁从疫区引进种鸭和鸭苗。从外地购进的种鸭，应隔离饲养15天以上，并经严格检疫后，才能合群饲养。病鸭和康复后的鸭所产的鸭蛋不能留作种蛋；免疫接种：对肉鸭可在1～7日龄用鸭瘟疫苗半量皮下注射免疫一次，其免疫力可延续至上市；对种鸭，每年春、秋两季各进行一次免疫接种，每只肌内注射1毫升鸭瘟弱毒疫苗或0.5毫升鸭瘟高免血清。

（2）**治疗**　本病尚无特效药物可用于治疗，应以预防为主。紧急治疗：鸭群发病时，对健康鸭群或疑似感染鸭，立即用鸭瘟疫苗3～4倍量进行紧急接种；对病鸭，每只肌内注射鸭瘟高免血清0.5毫升或聚肌胞0.5～1毫升，每3天注射1次，连用2～3次，进行早期治疗；也可用恩诺沙星可溶性粉拌水混饮，每天1～2次，连用3～5天，以防继发感染，但不应用于产蛋鸭，肉用鸭售前应停药8天。

（二）鸭病毒性肝炎

1. 流行特点　鸭病毒性肝炎是由鸭肝炎病毒引起雏鸭的一种传播迅速和高度致死性传染病。仅发生于5周龄以下的小鸭，以4～20日龄雏鸭最为严重。病鸭和带毒鸭是主要传染源，主要通过病鸭粪便所污染的饲料和饮水传染，但也可能经呼吸道感染。本病发生于孵化雏鸭的季节，一旦发生，在雏鸭群中传播很快，发病率可达100%，且死亡率高。

2. 临床症状　本病潜伏期1～4天，鸭突然发病，病程短促。病初鸭精神萎靡，食欲减退或废绝，行动呆滞，缩颈，翅下垂，眼半闭呈昏迷状态，有的出现腹泻。不久，病鸭出现神经症状，不安，运动失调，身体倒向一侧，两脚发生痉挛，数小时后死亡。死前头向后弯，呈角弓反张姿势（图7-13）。

图7-13　病鸭角弓反张

3. 剖检病变

剖检可见本病特征性病变在肝脏。肝肿大，呈黄红色或花斑状，表面有出血点和出血斑（图7-14）；胆囊肿大，充满胆汁。脾脏有时肿大，外观也类似肝脏的花斑。多数肾脏充血、肿胀。心肌如煮熟状（图7-15）。有些病例有心包炎，气囊中有微黄色渗出液和纤维素絮片。

图7-14　肝脏表面出血斑

图7-15　心肌病变

4. 防治措施

（1）**预防**　做好场内清洁卫生，所用器具定期进行清洗消毒；不从疫区购入鸭苗或种蛋，对外来雏鸭应采取严格的隔离饲养，并供给适量的矿物质和维生素；严格控制饮用、洗浴用水，禁止其他禽类污染；母鸭于产蛋前15～20天用鸭病毒性肝炎1型弱毒疫苗2头份/只，肌内注射；产蛋中期用同种疫苗加强免疫接种一次，4头份/只，肌内注射。对1日龄雏鸭接种鸭病毒性肝炎弱毒苗（母鸭进行过免疫可推迟至7日龄）。

（2）**治疗**　流行初期应立即注射高免血清（或卵黄）或康复鸭的血清，每只0.3～0.5毫升，可以预防感染或减少死亡；如果确诊，患鸭发病早期可用鸭病毒性肝炎高免血清或高免卵黄抗体进行治疗。

（三）鸭传染性浆膜炎

1. 流行特点 鸭传染性浆膜炎是由鸭疫里默氏杆菌引起的一种接触性传染性疾病，又称为鸭疫里默氏杆菌病、新鸭病、鸭败血症、鸭疫综合征、鸭疫巴氏杆菌病等。主要感染鸭、鸡、鹅及某些野禽，以番鸭较突出。主要发生于2～8周龄的鸭，其中2～3周龄雏鸭最易感染。该病主要经呼吸道或皮肤伤口感染，被细菌污染的空气是重要的传播途径，感染率高达90%，死亡率5%～80%。病程短，常为急性经过，无严格的季节性，但以冬春季节多见。

2. 临床症状 病鸭精神萎靡（图7-16），食欲下降甚至废绝；眼、鼻分泌物增多（图7-17），喘气、咳嗽、打喷嚏；下痢，粪便稀薄呈绿色或黄绿色（图7-18）；软脚、跛行，站立不稳（图7-19），部分病例跗关节肿大，鼻窦部肿大，部分鸭有共济失调、转圈、抽筋等神经症状。病鸭

图7-16 精神不振

图7-17 眼、鼻分泌物增多

图7-18 粪便稀薄、黄绿色

图7-19 脚软、蹲坐

呈急性或慢性败血症，在发病后期迅速脱水、衰竭、死亡，一般潜伏期1～3天，病程2～5天。

3. **剖检病变** 剖检可见特征性病理变化为浆膜面上有纤维素性炎性渗出物，以心包炎、肝周炎、气囊炎、脑膜炎及部分病例出现关节炎为特征（图7-20）。心包膜被覆淡黄色或干酪样纤维素性渗出物（图7-21），心包囊内充满黄色絮状物和淡黄色渗出液。肝脏表面覆盖一层灰白色或灰黄色纤维素性膜（图7-22）。气囊混浊增厚，气囊壁上附有纤维素性渗出物（图7-23）。脾脏肿大或肿大不明显，表面附有纤维素性薄膜，严重者呈大理石病变。脑膜及脑实质血管扩张、瘀血。慢性病例常见胫跗关节及跗关节肿胀，切开见关节液增多。少数输卵管内有干酪样渗出物。

4. **防治措施**

（1）**预防** 加强饲养管理，做好日常防疫工作，尤其在冬春寒冷季节，做好雏鸭的保暖、防湿、通风；做好其他疾病如鸭瘟、鸭病毒性肝炎、禽流感等疫苗的接种和防治，减少其他疾病的发生；疫苗免疫：选

图7-20 心包炎、肝周炎

图7-21 心脏表面有白色炎性分泌物

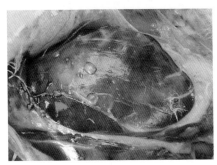

图7-22 肝脏浆膜有白色炎性渗出

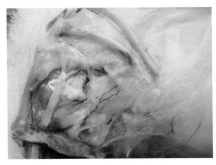

图7-23 气囊炎，气囊有黄色干酪样物

用相应血清型的灭活苗，雏鸭首次免疫接种尽可能在出生后及早实施，其后1周再做加强免疫。

（2）**治疗**　鸭群发病后，首先要用0.1%过氧乙酸对发病鸭群进行喷雾消毒，连用3天；更换垫料，用具清洗后用1∶1 500百毒杀消毒，每天1次，连用1周；用5%的氟苯尼考按0.2%的比例拌料，连用5天；或环丙沙星或恩诺沙星等25～50毫克/升溶水自由饮用，同时添加多种维生素；个别重症者可用丁胺卡那霉素5～7毫克/千克肌内注射，每天2次，连用2天。

（四）禽流感

1. 流行特点　禽流感是由A型禽流行性感冒病毒引起的一种禽类（家禽和野禽）传染病。根据禽流感致病性的不同，可分为高致病性禽流感、低致病性禽流感和无致病性禽流感。高致病性禽流感病毒与普通流感病毒相似，一年四季均可流行，但在冬季和春季容易流行，因禽流感病毒在低温条件下抵抗力较强。各种品种和不同日龄的禽类均可感染高致病性禽流感，发病急、传播快，其致死率可达100%。本病潜伏期取决于病毒株的强弱、感染剂量、感染途径和是否有合并症等，其变化较大，短的为几小时，长的可达数日之久。近年来国内外由禽流感病毒H5N1血清型引起的高致病性禽流感，发病率和死亡率都很高，是一种毁灭性疾病。

2. 临床症状　肉鸭感染禽流感病毒后表现为严重的精神萎靡，闭眼蹲伏；出现扭颈、头顶触地、仰翻、仰卧、横冲直撞、共济失调等各种神经症状（图7-24）；头部肿大；流泪，湿眼圈，红眼；呼吸困难。急性死亡病鸭可见上喙和足蹼发绀或出血；腹泻，排白色或青绿色稀粪。肉种鸭感染后最初部分鸭表现轻度咳嗽或轻度喘气症状，但鸭群食欲、饮水、大便及精神未见明显变化，也无死亡现象。数天内鸭群产蛋量迅速下降，鸭群产蛋率由高峰期降至10%以下或停产，产软壳蛋、粗壳蛋、畸形蛋、小蛋等异常蛋，开产期鸭群患病后很难达产蛋高峰，患病鸭群经10～15天后产蛋量开

图7-24　病鸭表现神经症状

始恢复，但还会出现畸形蛋。

3. 剖检病变

肉鸭主要表现为呼吸道（气管、支气管）有大量干酪样物或出血，肺出血或瘀血（图7-25）；胰腺出血，表面有大量针尖大白色坏死点或坏死斑（图7-26）；心冠脂肪、心肌出血，心肌有白色条纹样坏死，心包炎、心包积液（图7-27）；腺胃黏膜局部灶性溃疡；肠道黏膜出血或血环，肠道外壁脂肪出血（图7-28）；还有的脑膜出血。中等毒力感染的病鸭胸肌、腿肌明显发育不良，胸骨变软。产蛋鸭感染还表现为卵泡严重充血、出血，输卵管黏膜出血、水肿并附有豆渣样凝块，有个别病死鸭卵泡破裂于腹腔（图7-29）。

图7-25 肺出血

图7-26 胰腺表面坏死斑

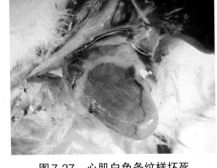

图7-27 心肌白色条纹样坏死

图7-28 肠道外壁脂肪出血

图7-29 腹腔内破裂的卵黄

4. 防治措施

（1）预防 严把引种关，不从疫区引进种蛋或病鸭；加强日常饲养管理，坚持做好防疫消毒工作，特别是做好雏鸭的防寒保暖；对疫区或威胁区内的健康鸭群或疑似感染群，使用农业部指定的禽流感灭活疫苗紧急接种。

（2）治疗 发生疫情要立即上报，在动物防疫监督机构的指导下按法定要求采取封锁、隔离、焚尸、消毒等综合措施扑灭疫情，消毒可用5%甲酚、4%氢氧化钠、0.2%过氧乙酸等消毒药液。

（五）鸭大肠杆菌病

1. 流行特点 大肠杆菌病是由病原性大肠埃希菌引起的禽类传染病，是养鸭场最常见的细菌病之一。本病的发病率并不高，但各个年龄的鸭均易感染，以2～6周龄雏鸭群多发。发病多在秋末、春初。病鸭和带菌鸭为主要传染源。鸭场卫生条件差、地面潮湿、舍内通风不良、氨气味大、饲养密度过大易诱发本病。初生雏鸭感染是由于蛋被传染。

2. 临床症状 新出壳的雏鸭发病后体质较弱，闭眼缩颈，腹围较大，常有下痢，因败血症死亡。较大的雏鸭发病后精神委靡，羽毛粗乱，生长缓慢，食欲减退，缩颈嗜眠，两眼和鼻孔处常附黏性分泌物，有的病鸭排灰绿色稀便，呼吸困难，常因败血症或体质衰竭、脱水死亡。成年病鸭喜卧，不愿走动，站立时可见腹围膨大下垂，触诊腹部有液体波动感，穿刺有腹水流出。

3. 剖检病变 本病剖检主要以败血症变化为特征。病鸭肝脏肿大，呈青铜色或胆汁状的铜绿色（图7-30）；脾脏肿大，呈紫黑色斑纹状；卵巢出血；肺有瘀血或水肿（图7-31）；全身浆膜呈急性渗出性炎症，心包

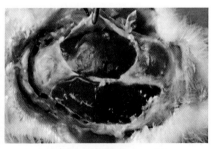

图7-30 肝脏瘀血、肿大

图7-31 卵泡充血、出血，腹腔有血渗出

膜、肝被膜和气囊壁表面附有黄白色纤维素性渗出物；腹膜有渗出性炎症，腹水为淡黄色。

4. 防治措施

（1）**预防** 搞好环境卫生，加强鸭群饲养管理，定期检查水源是否被大肠杆菌污染；种鸭场应及时集蛋；平时可用抗生素类药物进行预防，尽力防止寄生虫等病的发生；接种菌苗，目前国内常用疫苗有大肠杆菌甲醛灭活苗和大肠杆菌灭活油乳苗两种，最好用自发病鸭场分离的大肠杆菌株制备多价疫苗进行免疫，可有效地控制本病的发生。

（2）**治疗** 常用的药物有庆大霉素、氟哌酸、恩诺沙星、丁胺卡那霉素、壮观霉素、环丙沙星等。大肠杆菌对多种药物敏感，但其敏感性易变，应注意合理用药、联合用药及轮换用药。

（六）鸭巴氏杆菌病（禽霍乱）

1. 流行特点 巴氏杆菌病是由多杀性巴氏杆菌引起的一种急性热性传染性疾病。鸭巴氏杆菌病俗称"摇头瘟"。急性型鸭巴氏杆菌病，常常是早上或前一天晚上鸭群正常，但下午或次日早上发现死鸭，这是最急性型巴氏杆菌病流行的先兆。

2. 临床症状 鸭发生急性型巴氏杆菌病常以病程短促的急性型为主。病鸭精神委顿，不愿下水游泳，即使下水也行动缓慢，闭目瞌睡；羽毛松乱，两翅下垂，缩头弯颈，食欲减少或不食，渴欲增加，嗉囊内积食不化；口和鼻有黏液流出，呼吸困难，常张口呼吸，并常常摇头；病鸭排出腥臭的白色或铜绿色稀粪，有的粪便混有血液；有的病鸭发生气囊炎，病程稍长者可见局部关节肿胀，发生跛行或完全不能行走，还有的掌部肿如核桃大，切开见有脓性和干酪样坏死。

图7-32 心包膜出血

3. 剖检病变 病死鸭心包内充满透明橙黄色渗出物，心包膜、心冠脂肪有出血斑（图7-32）；肺呈多发性肺炎，间有气肿和出血；鼻腔黏膜充血或出血；肝略肿大，表面有针尖状出血点和灰白色坏死点；肠道以小肠前段和大肠黏膜充血和出血最严重（图7-33），小肠后段和盲肠较轻。雏鸭为多发性关节炎，主要可见关节面粗糙，附着黄色干酪样物质或红色肉芽组织；关节囊增厚，内含有红色浆液或灰黄色、混浊的黏稠液体；肝脏发生脂肪变性和局部坏死（图7-34）。

图7-33　肠道出血

图7-34　肝脏脂肪变性

4. 防治措施

（1）**预防**　对常发地区或鸭场，用禽出败氢氧化铝苗或禽霍乱蜂胶灭活疫苗进行免疫；在有条件的地方可从本场分离细菌，经鉴定合格后，制作自家灭活苗，定期对鸭群进行注射。

（2）**治疗**　鸭群发病应立即采取治疗措施，有条件的地方应通过药敏试验选择有效药物全群给药。青霉素、链霉素、磺胺类药物、红霉素、庆大霉素、环丙沙星、恩诺沙星、喹乙醇均有较好的疗效。在治疗过程中剂量要足，疗程合理，当鸭只死亡明显减少后，再继续投药2～3天以巩固疗效、防止复发。

（七）鸭呼肠孤病毒病

1. 流行特点

鸭呼肠孤病毒病是由呼肠孤病毒感染鸭引起的一类传染病，番鸭、半番鸭、麻鸭均可感染，其中番鸭最易感。多发生于幼龄鸭，最早发生是7～10日龄的鸭雏，并在受感染鸭群中持续存在直至7～10周龄，暴发持续2～4周甚至更长，发病率10%～60%，死亡率2%～20%。

2. 临床症状

急性阶段病鸭临床症状包括全身不适，伴随腹泻，不愿移动。从该病的急性阶段存活下来的鸭生长明显放缓尤其是瘸腿，腿关节和跗骨或足趾结合处，以及腓肠肌和足趾屈肌腱，有时滑囊明显肿胀。

3. **剖检病变**　该病以肝脏和脾脏等出现坏死性病变为特征。在急性阶段，肝脏和脾脏（图7-35）可见特征性损伤，散布多个灰白钉头病灶（图7-36）；浆液纤维素性外膜和心包炎、关节炎和腱鞘炎通常在该病的急性和慢性阶段都能看见；肌腱以及周围组织断裂，在此病的慢性阶段腓肠肌、大屈肌肌腱部位出现大出血。

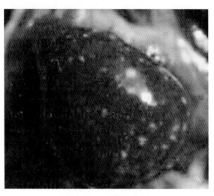

图7-35　脾脏白点

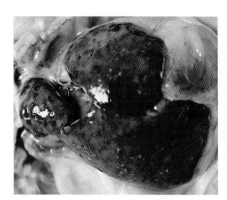

图7-36　心肌出血，肝脏坏死点

4. **防治措施**　呼肠孤病毒病给番鸭业带来重大损失，但还没有防治该病的特定方法。可用番鸭呼肠孤病毒疫苗预防，并要控制继发感染。

（八）鸭球虫病

1. **流行特点**　鸭球虫病是一种严重危害鸭的寄生虫病，各个日龄的鸭都可感染发病，多发生在3～5周龄的鸭，以夏秋季节发病率最高。发病率可达30%～50%，死亡率20%～64%不等，得过该病的鸭一般生长缓慢，耗费饲料与人工，给养鸭场或养鸭户造成很大的经济损失。

2. **临床症状**　雏鸭感染后精神委顿，畏寒缩脖，呆立，不食。随病情加剧病鸭喜卧，渴欲增加，排暗红色或深紫色血便（图7-37），有时见有灰黄色黏液，腥臭。发病当天或第2～3天出现死亡，死亡率达80%以上，一般为

图7-37　病鸭异样粪便

20%～70%。第6天以后病鸭逐渐恢复食欲，死亡停止。

3. 剖检病变 毁灭泰泽球虫危害严重，肉眼病变为整个小肠呈泛发性出血性肠炎，尤以卵黄蒂前后病变严重。肠壁肿胀、出血（图7-38）；黏膜上有出血斑或密布针尖大小的出血点，有的见有红白

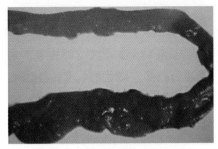

图7-38　肠道充满红色内容物

相间的小点，有的黏膜上覆盖一层糠麸状或奶酪状黏液，或有淡红色或深红色胶冻状出血性黏液，但不形成肠心。菲莱氏温扬球虫致病性不强，肉眼病变不明显，仅可见回肠后部和直肠轻度充血，偶尔在回肠后部黏膜上见有散在的出血点，直肠黏膜弥漫性充血。

4. 防治措施

（1）预防 保持鸭舍清洁、干燥，定期清除粪便，防止饲料和饮水被鸭粪污染，经常消毒饲槽和饮水用具等，定期更换垫料。

（2）治疗 磺胺六甲氧嘧啶按0.1%比例混入饲料中，搅拌均匀，连喂3～5天；磺胺甲基异恶唑按0.1%比例浓度混入饲料，连喂7天，停3天再喂3天；对病情严重的个别鸭可按0.02克/只投药，每天1次，连续3天；磺胺氯吡嗪按0.03%饮水，连用3天。

（九）鸭黄曲霉毒素中毒

1. 流行特点 鸭黄曲霉毒素中毒病是由黄曲霉毒素引起鸭的一种霉菌中毒病。本病主要是由于鸭采食了含有黄曲霉素的饲料引起的中毒。动物种类不同，对该毒素的敏感性也不同，雏鸭最为敏感。黄曲霉毒素对人和畜禽均有剧烈毒性，当食进大量毒素后，可导致急性肝炎，较小量毒素可造成肝损害，长期食进少量毒素可导致肝癌，是目前最强的致癌物质之一。

2. 临床症状 急性中毒多发生于幼鸭，成年鸭耐受性较高。幼鸭病初无明显症状即迅速死亡，病程稍长者，食欲消失，羽毛脱落，哀鸣，步态踉跄，运动失调，脚软弱无力，严重跛行，濒死时头颈后仰、角弓反张，采食量越大的鸭病情越严重。死亡率可达100%。成年鸭急性中毒的症状与雏鸭相似，但口渴加剧，下痢。慢性中毒者症状不明显，主要

表现为食欲减少、消瘦、贫血、衰竭，时间长后发生肝癌。

3. **剖检病变**　病变早期肝脏肿大、色泽淡，时间稍长肝脏质地变硬、变土黄色，且肝萎缩与肝硬变交错存在，出现大小不一的结节。心包腔和腹腔积液，胸部皮下和肌肉常见出血。

4. **防治措施**　无有效治疗药物，预防本病的根本措施是不喂霉变饲料，加强饲料的保管工作，尤其在温暖多雨的季节更应注意防止饲料霉变。如饲料可疑应进行更换，并补充维生素A、维生素B、维生素E及青绿饲料；发病鸭群治疗无实际意义，病轻者去除霉变饲料后可很快恢复。早期病鸭可用制霉菌素治疗，病重者应予淘汰。

TUSHUO RUHE ANQUAN GAOXIAO SIYANG ROUYA

参考文献

包世增，等．1991．家禽育种学[M]．北京：农业出版社．

陈国宏．2000．鹅鸭饲养技术手册[M]．北京：中国农业出版社．

陈伟生，等．2008．国家级畜禽新品种（配套系）（2005—2006）[M]．北京：中国农业出版社．

国家畜禽遗传资源委员会．2011．中国畜禽遗传资源志·家禽志[M]．北京：中国农业出版社．

刘月琴，张银杰．2007．家禽饲料手册[M]．北京：中国农业大学出版社．

彭祥伟，梁青春．2009．新编鸭鹅饲料配方600例[M]．北京：化学工业出版社．

齐广海，等．2000．饲料配制技术手册[M]．北京：中国农业出版社．

邱祥聘，杨山，等．1993．家禽学[M]．成都：四川科学技术出版社．

王宝维，等．2009．中国鹅业[M]．济南：山东科学技术出版社．

王雅鹏，等．2014．中国水禽产业经济调查研究[M]．北京：中国农业出版社．

杨凤．2010．动物营养学[M]．2版．北京：中国农业出版社．

杨宁，等．2002．家禽生产学[M]．北京：中国农业出版社．

张沅，等．2007．家畜育种学[M]．北京：中国农业出版社．

中国畜牧业协会．2013．水禽世界·第五届（2013）中国水禽发展大会会刊[C]．

图书在版编目（CIP）数据

图说如何安全高效饲养肉鸭/赵献芝主编. —北京：
中国农业出版社，2016.9（2019.3 重印）
（高效饲养新技术彩色图说系列）
ISBN 978-7-109-21664-8

Ⅰ. ①图… Ⅱ. ①赵… Ⅲ. ①肉用鸭-饲养管理-图
解 Ⅳ. ①S834-64

中国版本图书馆CIP数据核字（2016）第100711号

中国农业出版社出版
（北京市朝阳区麦子店街18号楼）
（邮政编码100125）
责任编辑　郭永立

北京中科印刷有限公司印刷　　新华书店北京发行所发行
2016年9月第1版　　2019年3月北京第2次印刷

开本：889mm×1194mm　1/32　　印张：4
字数：115 千字
定价：32.00 元
（凡本版图书出现印刷、装订错误，请向出版社发行部调换）